中等职业学校职业素养培养系列教材

沈汉达◎主　编
张伟罡◎副主编

职场当自强

ZHICHANG DANG ZIQIANG

北京师范大学出版集团
BEIJING NORMAL UNIVERSITY PUBLISHING GROUP
北京师范大学出版社

图书在版编目（CIP）数据

职场当自强 / 沈汉达主编．— 北京：北京师范大学出版社，2018.2

（中等职业学校职业素养培养系列教材）

ISBN 978-7-303-22782-2

Ⅰ．①职… Ⅱ．①沈… Ⅲ．①职业道德－职业教育－教材 Ⅳ．① B822.9

中国版本图书馆 CIP 数据核字 (2017) 第 220345 号

营销中心电话　010-58802755 58800035
北师大出版社职业教育教材网　http://zjfs.bnup.com
电子信箱　zhijiao@bnupg.com

出版发行：北京师范大学出版社 www.bnupg.com
北京市海淀区新街口外大街 19 号
邮政编码：100875
印　　刷：大厂回族自治县正兴印务有限公司
经　　销：全国新华书店
开　　本：787mm × 1092mm　1/16
印　　张：15.25
字　　数：306 千字
版　　次：2018 年 2 月第 1 版
印　　次：2018 年 2 月第 1 次印刷
定　　价：39.00 元

策划编辑：王云英　　责任编辑：王云英
美术编辑：焦　丽　　装帧设计：焦　丽
责任校对：陈　民　　责任印制：陈　涛

《职场当自强》编写指导委员会

顾　问：刘占山　邢　晖

主　任：沈汉达

副主任：张伟罡

委　员：王健鸣　袁晖江　郑燕琦

王　峥　钱旭华　康　桥

《职场当自强》编写组

主　编：沈汉达

副主编：张伟罡

参　编：秦　红　马丽群　朱燕琴　曹　燕

姚　慧　张克平　朱　丹　韩　静

季　敏　张劲国

序

2016年，《职场当自强》一书在上海市教委教研室举办的“上海市中等职业学校第四届校本教材展示交流评比活动”中获得优秀校本教材奖。我们以此为契机，紧密结合教育部和上海市教委对职校生德育教学的要求，进一步优化教材。在专家指导下，我们对原教材进行了丰富与调整，使全书内容更扎实，更贴近职校生的需求，更具有时代性。

本书具有三个特点：

第一，针对性强。这是一部职校生成长的宝典，全面介绍了职场所需的全部知识，从理念、思想到修养、品德，从做事态度到职场适应，从同学相处到孝敬父母，等等，凡是职校生成长碰到的各种问题，本书都有亲切的引导。

第二，可读性高。每个章节都选入了古今中外的各种案例故事，有人物，有故事，有思想，还有方法。图文并茂，饶有趣味，一卷在手，读来有味。

第三，实用性足。每个章节都有“案例解码”，一则分析案例内容，帮助学生深入理解案例内涵；二则从故事里引伸出成功理念和如何操作的方法，用以指导学生的职场需求。

本书凝聚着我们的心血，寄托着我们的期望。我们期待本书能够提高广大职校生的素养，使他们能够把知识、能力、观念、情感、意志等内化于心，形成稳定的职业素质和人文修养，从而成为对社会有贡献的、有专长的劳动者；我们也期待本书能够为培养职校生严谨、敬业和专深的工匠精神发挥积极的作用。在本书的编写过程中，编者参考、引用了一些书籍和网络的相关资料，在此谨致谢忱。由于经验不足等原因，书中难免有疏漏之处，敬请读者批评指正。

是为序。

上海市经济管理学校校长

沈汉达

扫码进入名师课堂

前言

精彩案例琳琅满目，深刻解析振聋发聩。本书通过案例教学和解码、互动的方式，以几个和主题相关的案例带出一篇分析、一个互动和名言启示的结构，按照先内修、后外展的顺序，分为“提升思路篇”“自我修养篇”“职场作为篇”“珍惜情感篇”“走向职场成功篇”“就业创业篇”，讲述职业生涯中必须坚守的观念。

本书的目的在于帮助学生在最短时间内建立和培养职业观念，提高职业素质，引领学生迅速走上成功的职业道路，开创全新的职业生涯。职业，就是一个人在社会中所从事的作为主要生活来源的工作；职业人，就是某一个行业的从业人员；职业人的最基本素质，就是敬业。

敬业，一是要热爱自己的职业。法国雕塑家罗丹说："现代人最大的缺点，就是对自己的职业缺乏爱心。"一个人职业发展要成功，首先就要热爱自己所从事的职业，把职业当作自己的事业，并坚信自己的事业是最神圣的。职业人到最后一刻都是敬业的。几何学家阿基米德的最后一刻是在证明几何定理，喜剧作家和演员莫里哀的最后一刻是在舞台演出，数学家华罗庚的最后一刻是在出国讲学，动物学家卡尔•施密特的最后一刻是在实验室不慎被毒蛇咬伤后记录症状，坚持用颤抖的手写下了最后几行实验记录……他们拥有同一个名字——职业人；他们具备同样的素质——敬业。

敬业，二是要乐业，把工作当作一种乐趣。德国作家歌德说："如果工作是一种乐趣，人生就是天堂。"假如你热爱自己的职业，确信自己的事业是最神圣的，那么，你也就会乐在其中。

美国西雅图有一个鱼市场，虽然有股浓浓的鱼腥味儿，但处处飘荡着鱼贩们欢快的笑声。鱼贩们把卖鱼当作一种艺术，面带笑容，密切合作，让冰冻的鱼像棒球一样在空中飞来飞去。鱼贩们的欢快情绪，感染着来此购物的顾客，在这里买水产品，简直是一种享受。

敬业，三是要关注相关行业。现代社会分工相当明确，每个人都有自己的职责范围。但是，筑巢于一枝并不等同于不理其他的枝。20世纪80年代以来，科学的发展呈现出了两个新的态势：一是各学科内部分工越来越细，整个学科愈加博大精深，任何人都无法凭借个人才智对整个学科进行穷尽性的研究。一百年前世界上只有"物理学家"，但今天有"理论物理学家""实验物理学家""地球物理学家"等。二是学科与学科之间的联系越来越紧密，不仅有一对一的学科联合，甚至还有几个学科的大联合。现代工程师在完成一个项目时，已经不能将电气、机械分开各自筹划，而必须做到机电一体化设计。我们需要用新的思路来解决新的、更加复杂的问题。所以，我们在专注于本职工作的同时，也要关心相关的行业。

敬业，四是要关注自己的潜能。现代社会给我们提供了广阔的发展空间，我们能自主地选择自己的命运。现代社会的特征是多元化，这造成许多人面对选择的困惑。当今世界上有确切名称的职业就多达两万多种，而且随着新科学、新技术不断涌现，新的职业种类仍在不断"繁衍"。学什么好？干什么更有前途？

人们往往太注重外在因素，而忽略了自我潜能这个核心因素。一个人的潜能是内在的、隐性的，按照自我潜能来确定发展方向，最容易取得成功，最容易实现自我价值，对社会的贡献也最大。只有找到能充分发挥自己潜能的舞台，你拥有的梦想才更容易实现。

1932年7月，胡适为一批即将毕业的同学写了《在不健全的中国如何不堕落》一文，概括了两大类堕落的方式：第一是容易抛弃学生时代求知识的欲望；第二是容易抛弃学生时代理想的人生的追求。为此，他提出三条建议：一是"总得时时寻一两个值得研究的问题"，二是"总得多发展一点非职业的兴趣"，三是"你得有一点信心"。

蓦然回首，就是蓝海：很多奇迹我们相信才会存在！！■

目录 CONTENTS

提升思路篇

自我修养篇

职场作为篇

珍惜情感篇

职场成功篇

就业创业篇

附　录

提升思路篇

1

创新是飞翔的引擎

学习提要

- 学会解放思想，冲破牢笼；
- 理解创新是一种生活方式，是时代的主题；
- 寻找自己职业发展的蓝海，结合自己的特点找到合适的职业。

导入案例

案例 1：买白鼠的账单

一个建筑公司的经理忽然收到一份购买两只小白鼠的报销账单，心里好生奇怪。经过询问，他得知这两只白鼠是他的一个部下买的，他就把那个部下叫来，问他为什么要买两只小白鼠。

部下答道："上星期我们公司去修一所旧房子，需要安装新电线。我们要把电线穿过一个 10 米长但直径只有 2.5 厘米的管道，而且管道是砌在砖墙里的，并且转了 4 个弯。一开始谁也想不出怎么让电线穿过去。最后，我想了一个主意。我到一家宠物商店买来两只小白鼠，一公一母；然后，我叫一名工作人员把那只母鼠放到管子一端，逗它吱吱叫。我则把一根线绑在公鼠身上，线后面系上电线。我把公鼠放到管子另一端。当公鼠听到母鼠的叫声时，便沿着管子跑去找母鼠。这样一来，公鼠就拖着电线，跑过了整个管道，把电线穿过去了。"■

案例 2：从另一个角度解决问题

据说有一家生产牙膏的知名公司，不但产品质量好，而且包装设计美观，长期以来非常受消费欢迎。每年公司的业绩报表上的数字，总是不断地增长。可是不知什么原因，最近一段时间公司的牙膏销量却一直停滞不前，为此公司里的管理者想了很多促销办法，但钱花了，却没解决问题。

这下董事会不满意了，总经理于是把全国中层以上的管理者都召到总公司来开会，讨论如何提高牙膏的销量。

一群人坐在会议室里商量了半天，却毫无结果。因为他们惯常使

用的提高销量的方法都用过了，比如打广告、送赠品，等等。这时，坐在后面的一个年轻人站了起来，他的手里拿着一张纸。年轻人说：“总经理，我手中有张纸，纸上写着我对今天这个问题的建议。不过如果您觉得我的建议好，并且愿意采用，那么您就要另外付我 5 万元作为奖励。”

总经理一听，非常生气，心想：我每个月给你发工资，你倒因为一个点子向我要奖励。再说了，一个毛头小伙子，能想出什么好办法！

于是总经理生气地说：“你有工资，还有各种奖励、分红，这么说有点过分吧？”

年轻人微笑着说：“总经理，您先别生气，我说过了，只有您采用了我的建议，才需要付钱，如果您看了以后觉得不好，当然一分钱都不用付。”

总经理点点头，示意年轻人把那张纸拿过来让自己看看。结果，总经理一看到纸上的那句话，立刻露出了笑脸，马上拿出一张支票，签给年轻人 5 万元。

那张纸上写了什么神奇的办法？为什么能让总经理转怒为喜？原来只有一句话：请将现在牙膏管口的直径扩大 1 毫米。

这真是一个既简单又有效的方法啊！只要这么做，每个人的牙膏消耗量就会增加，但又不会让消费者感觉到，真是太聪明了！

总经理立刻下令更换新的包装，按年轻人说的方法办。采用了年轻人的方法后，公司的销量很快增加了百分之三十。■

案例解码

小思路解决大问题

当经理收到部下交来的买白鼠的报销账单，心里一定非常诧异吧。一个做建筑工程的公司，买白鼠做什么？

如果用传统思维来考虑问题，估计没有人能猜出其中的缘由。当然，最后谜底揭开了，工人们是为了让白鼠“帮忙”顺利将电线穿过弯弯曲曲的管道。试想，如果这位工人面对困难，按照传统的思维来处理，会产生什么结果呢？

首先，他恐怕要把墙壁敲开，把要穿的电线穿过去；然后，还要再把敲开的墙壁封起来。这么做一来工程加大了，成本增加、工期延长；二来墙壁敲开再封上，质量也多少会受些影响。因此，真该大大表扬那位想出“小白鼠穿线法”的工人。

很多人知道了答案后也许会说，哦，就是这么个简单的办法啊！可是办法虽然简单，并不是人人能想出来的，它需要奇思妙想和大胆创新。

在今天的互联网时代，创新需要已经成为常态，国家也提出了“大众创业，万众创新”的口号，创新成为时代的要求，是每个人事业发展必备的条件。当然，创新说起来容易做到很难，尤其是很多学生长期以来接受的都是“灌输式”教育，创新思想和创新能力都大打折扣，需要经过努力和有意识地培养，才能从思想深处唤醒创新意识。

就拿案例 2 中年轻人提出的小小改进意见来说吧。当谜底揭晓后，人人都觉得没什么了不起，但是为什么其他人都想不到呢？这就是因为传统思维的力量太强大。别看这两个案例中的创新都很“小”，但正是这小思路，解决了事业中的大问题，体现了创新所带来的“峰回路转”的神奇作用。

不过，每个人的特点不同，创新能力也有高下，不能一味模仿别人的创新，否则岂不是又落入了新的窠臼？那么如何根据自身特点，实现创新，在将来的职场上做出不一样的成绩呢？那就要客观分析、精准定位、有力实施，三点缺一不可。

第一，何为客观分析？就是要认清自己，找出自身优势和短板，扬长避短。你想，即便成功如人人皆知的马云，如果他不客观认识自己，硬要在数学领域“拼搏”，恐怕也只会落得一身伤痛，铩羽而归。

第二，所谓精准定位，就是在客观分析的基础上，找到创新的土壤，也就是自己的努力方向，对学生来说，甚至可以说就是职业选择。在一个自己感兴趣并擅长的岗位上工作，出创新成果的概率一定会大大增加。

第三，就是要做到有力实施，简言之就是你要肯花力气培养自己的创新思维。那个年轻人看似提出建议时云淡风轻，毫不费力。但你怎么知道他没有经过长期的培养呢？台上一分钟，台下十年功。再有天分的人，没有辛苦付出，创新的种子恐怕也不会萌芽。■

互动环节

创新是一种能力，如何培养这种能力，每个人的方法不同。下面为大家提供了几点建议，希望能帮助大家。

（1）善于从自己或者他人过去的工作中总结经验。

（2）遇到问题，不要怕向人请教，甚至是比你职务低的人。

（3）多和本行业的达人、专家交流，及时补充自己的专业知识。

（4）遇事不急躁，独立思考，反复地、全面地推敲，然后再做结论。

（5）尽量多一些发散性思维，不要受传统思维禁锢。■

名人名言

（苏联）高尔基

保守是舒服的产物。

（美国）熊彼特

创新就是创造性地破坏。

（英国）贝弗里奇

独创常常在于发现两个或两个以上研究对象或设想之间的联系或相似之点。

（英国）卓别林

对于一个艺术家来说，如果能够打破常规，完全自由进行创作，其成绩往往会是惊人的。

2

思路是翱翔天空的翅膀

学习提要

- 理解思路决定出路的含义；
- 理解变则通，观念决定自己的命运；
- 明白突破思维定式就有正确的思路；
- 认识自己的思路，使之变为出路。

扫码进入名师课堂

导入案例

案例 1：拜访智者的少年

一位 16 岁的少年去拜访智者，问：“我怎样才能变成一个让自己快乐、让别人也快乐的人呢？”

智者笑着说：“我送你四句话吧。第一句：把自己当成别人。”

少年说：“这是不是说，在我感到痛苦的时候，把自己当成别人，这样痛苦就减轻了；而当我欣喜的时候，把自己当成别人，这样狂喜也会变得平和一些？”

智者点头，接着说：“第二句话：把别人当自己。”

少年沉思片刻说：“这样，就可以真正同情别人的不幸，理解别人的需要，并给予适当的帮助。”

智者两眼闪出赞许的光，继续说：“第三句话是：把别人当别人。”

少年说：“这是不是说，要充分尊重别人的独立性，在任何情况下都不能侵犯他人的核心领地？”

智者大笑：“很好，很好，孺子可教！”

智者接着说：“第四句话，把自己当自己。这句话理解起来太难，你留着以后慢慢品味吧！”

少年说：“也好。不过这四句话我怎样才能把它们统一起来呢？”

智者答：“很简单，你用一生的时间来经历。”■

案例 2：骆驼如何打败狼

在广袤的沙漠和草原上，骆驼的天敌只有狼。狼一向以凶残著称于世，它用牙齿作武器，征战厮杀，获取食物。在这一点上，骆驼肯定不是狼的对手。

不过，骆驼却有另一手——它的生存手段不是进攻，而是逃跑。每当骆驼与狼相遇，狼总是急切地发起进攻，企图速战速决。而骆驼却从不仓促应战，常常是吼叫一声，便撒开四蹄狂奔起来。

狼哪里肯放弃就要到嘴的美味，就拼命追赶。它没有料到，这一追就恰巧中了骆驼的计，狼必死无疑。

一开始的奔跑速度，骆驼当然不如狼，但跑着跑着，狼就慢下来了。骆驼见状就主动放慢速度，给狼一点鼓励，一点希望。狼果然中计，就继续用力追赶，骆驼就继续逃跑，一副精疲力竭的样子，实际上真正精疲力竭的是狼。

骆驼一点一点地把狼引向无水、无食、无生命的大漠深处……

狼用完最后一点力气，四肢发软，口吐白沫，便呜呼毙命了。而此刻，骆驼的力气还足着呢。

就这样，骆驼打败了自己的天敌。

案例3：法国人种土豆

说起土豆这种食物，真是再寻常不过了，全世界都有大量种植。其实土豆最早是生长在南美洲的，后来在16世纪，被西班牙殖民者从南美洲带到了欧洲。一开始，人们少量种植这种植物并不是为了吃土豆，而是为了欣赏它开出的花。

法国人最早并不喜欢土豆，农民们不知从哪里听来的，说种土豆会伤害土地肥力，使土壤变得贫瘠；医生们则认为吃土豆对健康不利，而宗教界更不能容忍土豆，他们把土豆称为“鬼苹果”。

后来，有一位法国农学家，在德国第一次吃到了土豆，觉得味道很不错。而且他对土豆进行了仔细的研究，发现它不但产量高，而且根本不是什么“坏家伙”，倒是营养不错、口感细腻的上好食物，甚至还可以用土豆做面包！

这位农学家决定积极在法国推广种植土豆。可是没人认同他的做法，大家拒绝种土豆，因为传统思维太顽固了，大家都不愿意尝试新事物。

怎么办呢？既然不能强迫农民们种植土豆，那就要换个角度想办法。于是，农学家找到国王，把自己对土豆的研究结果报告了国王，并且说服国王，让自己在一块贫瘠的土地上种了一片土豆。国王按照农学家的要求，派了一队卫兵，每天全副武装看守着这片土豆田。说来也很奇怪，卫兵们只在白天看守，一到晚上，就不见影儿了。

想想看，人都是有好奇心的，越是无法得到的东西，越是想弄到手。周围的农民看到一块农田居然有国王的卫兵把守，不禁议论纷纷：难道土豆真的那么好？连国王都愿意种？反正晚上卫兵不在，索性去偷点来。于是，大家便趁晚上，偷偷到地里去挖土豆苗，拿回家种在自己家园子里。后来，人们发现种土豆的土壤肥力一点都没有下降，而圆圆的土豆既能当菜也能当饭，口感香滑软糯，都喜欢上了它。

就这样，法国的土豆种植很快就轻松地推广开来。■

互动环节

正确的思路其实就是因地制宜

信息化和互联网时代，我们做事的思维和方式都在改变，现在人们最常提单到的就是“互联网思维”，那么什么是互联网思维呢？张瑞敏认为，互联网思维是零距离、无边界、去中心化、分布式的思维；雷军则认为互联网思维是专注、极致、口碑、快；周鸿祎给互联网思维的定义是用户至上、体验为王、免费模式、颠覆创新。还有人认为互联网思维其实就是连接一切。

那么，在你的心目中，什么是互联网思维呢？

名人名言

《周易》

穷则变，变则通，通则久。

（美国）爱默森

每个人在受教育的过程当中，都会有段时间确信：嫉妒是愚昧的，模仿只会毁了自己；每个人的好与坏，都是自身的一部分；纵使宇宙间充满了好东西，不努力你什么也得不到；你内在的力量是独一无二的，只有你知道能做什么，但是除非你真的去做，否则连你也不知道自己真的能做。

郎加明

对于创新来说，方法就是新的世界，最重要的不是知识，而是思路。

3

拓宽自己的眼界

学习提要

- 学会读书与观察，提升自己的眼界；
- 学会透过现象看本质，得出正确的判断；
- 了解社会发展与行业变化。

导入案例

案例 1：苏东坡悟道

翰林学士苏东坡，因为与照觉禅师论道，谈及“情与无情，同圆种智”这个话题后，突然之间有所省悟，因而作了“未参禅前”“参禅时”“参禅悟道后”三偈，表明心得。

未参禅前的境界是：

横看成岭侧成峰，远近高低各不同；

不识庐山真面目，只缘身在此山中。

到了参禅时，其心得是：

庐山烟雨浙江潮，未到千般恨不消；

及至到来无一事，庐山烟雨浙江潮。

及至参禅悟道以后，其心境是：

溪声尽是广长舌，山色无非清净身；

夜来八万四千偈，他日如何举示人？

这是苏东坡参禅的三个层次、三个阶段：

参禅前，看山是山，看水是水；

参禅时，看山不是山，看水不是水；

参禅后，看山仍是山，看水仍是水。

案例 2：老人托孤的故事

一位老人临死前向他的朋友托孤。也许是因为年纪大了，也许是因为弥留之际，难免有些糊涂，他对朋友说：“我希望这个孩子第一成为世界银行的副总裁，第二成为洛克菲勒财团的董事，第三成为总统的女婿。”

他的朋友很为难，但想到老人快死了，就答应了。

言必信，行必果。他想了好久，终于想出了一个办法。他先找到世界银行的总裁，对他说：“我向您推荐这位年轻人，他是洛克菲勒财团的董事，并且即将成为总统的女婿，您愿意任命他为世界银行的副总裁吗？”

总裁答应了。

用同样的方法，他又使这个孩子成为了洛克菲勒财团的董事。

最后，他自信地对总统说：“这个年轻人是世界银行的副总裁，洛克菲勒财团的董事，您愿意他成为您的女婿吗？”总统真的答应了。

老人的临终嘱托，终于如愿以偿地实现了。

案例 3：爱读书的周鸿祎

在科技日新月异的今天，互联网企业成为许多国家发展最迅速的行业。而互联网企业的特点，也决定了科技必然成为其最大的发展动力。

奇虎 360 作为一家知名的互联网企业，它的董事长周鸿祎就非常爱学习，爱看书。他以优异的成绩从西安交通大学计算机系毕业以后，曾在方正、百度等公司任职，后来成为奇虎 360 科技有限公司的董事长。

周鸿祎爱读书，那在圈子里是出了名的。有媒体曾经报道过，说他一个礼拜要看 10 本书。因为他的读书速度非常快，即使出差和生病，他也坚持看书。

作为一名互联网企业家，他当然最爱看三个方面的书：专业、财经、传记，而且非常得读书之要领，他常说：“读书取其精髓即可，你又不是海绵宝宝，用不着什么都往里吸。”

如果恰逢大家看到了同样的内容，他会直接问你：“你有什么启发？”对于大部分人来说，要跟上他的思路还真没那么容易。

之所以周鸿祎会走上互联网创业路，除了因为专业对口，还和 20 世纪 90 年代初他的一次大学实习有关。那次，周鸿祎到上海实习，在火车上读了《硅谷热》这本书，非常震撼，也奠定了他用互联网产品来改变世界的思想基础。

周鸿祎不但自己爱看书，还喜欢给自己的员工推荐书。有一次，他给公司 1988 年以后

出生的员工推荐了一本叫《异类》的书。这本书提出了“一万小时定律”，也就是要想成为某领域的专家，起码要经过一万小时的努力，比如比尔·盖茨，或者是老虎伍兹。借助这本书，他也将自己对企业经营的思考和员工们进行了分享。他说：“企业就像一个巨大的飞轮，很重，很难推动。可能开始一个人去推一下两下，飞轮纹丝不动。但如果所有人都坚持不断地推，当能量积累到一定程度后，飞轮就会慢慢动起来，并且越来越快。上班就像推飞轮，每天做的事看起来又吃力又琐碎，还不断地重复、再重复，但大家不要怕重复，我和大家一样，都是给 360 推轮子的人……”

能把书读进去又读出来，周鸿祎实在做到了知行合一啊。

关于读书，在 360 公司内部一直流传着一则趣闻：周鸿祎他不但推荐书，还不时偷偷用工资里扣除书款的方法，“帮”大家买书，以至于大家笑着大呼“吃不消”呢！

正因为爱读书、会读书，周鸿祎不但将企业经营得风生水起，屡次荣获“中国 IT 风云人物”“中国互联网年度人物”等称号，成为 2016 胡润 IT 富豪榜第 23 名，而且以《我的互联网方法论》等作品，登上 2012～2015 年的“企业家作家榜”，名列第八，实在了不起。■

案例解码

见识和眼界决定了你能走多远

一个人无论将来的职业方向如何，多读书永远不会错。有一句老话很普通，但道理最实在，那就是“读书使人进步”。

读书能使你的眼界更开阔，眼界即见识，见识也是学问。智慧如古人苏东坡，修道时也无法一蹴而就，需要随着眼界和境界的提高，一步步获得更深的感悟！聪明如今人 CEO 周鸿祎，同样也爱读不止，并且善读、会读，从而为自己的事业提供源源不断的思想动力。

作为一名普通人，也许你没有机会环游世界，也许你无法面对面接受高人的指导，但是书籍打破了这些人生壁垒，为你创造了获得他人经验的机会，只要你是个会读书的人，书就会告诉你你期待了解的一切。

王国维曾经说过，做学问有三层境界。有效的读书也一样，首先是第一层，就是读得进，如果你根本无法沉下心来读书，那么何谈从书中获取见识和知识呢。第二层就是还要读得出，能将书中的知识和现实结合，帮助你解决现实中遇到的问题，切勿“只进不出”，那样的话就像有人说的“死读书”不如不读书。第三层，也是最高的境界，就是通过读书学会透过现象看出本质，从而高屋建瓴地指导自己的职业甚至人生发展。

随着时代的发展，学习的途径越来越多，当你有了足够的眼界和见识，就一定能发现别人看不到的机遇，克服别人无法克服的困难，从而走向成功。

有一段时间曾经有个段子非常流行，是说有个渔夫在海边钓鱼时，有个成功人士看见了，说，你看你这样钓鱼太慢了，你应该想办法买条船，出海去打鱼，这样就能赚得更多，等赚了钱，再雇些帮手，扩大捕鱼量，等有了积累，再买更大的船，捕更多的鱼，再赚更多的钱……如此一来，你就可以和我一样，在海边享受自由垂钓的生活了。渔夫想了想，回答说：那我现在不就过着这样的生活吗?

乍看起来，似乎渔夫的话挺有道理的，这也给了很多安于现状的人一个很有力的理由。但是如果你细细分析，就会觉得两人看似都是垂钓，但其本质一定不同。当渔夫垂钓时，心里恐怕还是会担心今天的收获太少，会为了明天万一下雨无法钓鱼而担心吧……但是成功人士的垂钓真正是在享受，他这时已经完全不在意垂钓的结果了。

因此，作为年轻人，在职业生涯的起步阶段，不妨以更积极的心态来面对未来。就像苏东坡在悟道的最后，虽然看山还是山，看水还是水。但那山水，和悟道前的山水，真的还一样吗? ■

互动环节

回想一下，你在过去的一年里，除了课本以外，读过几本书，分别是什么，写在下面分类的下面，看看是否有需要改进的地方，然后制订一个未来的读书计划。

文学艺术类	人文社科类	生活科普类	专业技术类

名人名言

（英国）培根

书籍是在时代的波涛中航行的思想之船，它小心翼翼地把珍贵的货物运送给一代又一代。

刘向

书犹药也，善读之可以医愚。

（苏联）高尔基

我扑在书籍上，像饥饿的人扑在面包上一样。

（俄国）列夫·托尔斯泰

要懂得一门知识，先得承认自己无知。

（德国）歌德

一个目光敏锐，见识深刻的人，倘又能承认自己有局限性，那他离完人就不远了。

4

找到自己未来的定位

学习提要

- 理解“我是谁”；
- 掌握职业可持续目标如何确立；
- 掌握“付出、得到、命运”的关系；
- 理解“知识、技能、人脉”与“我的薪水”的关系。

导入案例

案例 1：从底层做起的林肯

亚伯拉罕•林肯是美国第 16 任总统。作为著名的政治家、思想家，他废除了奴隶制，成为美国历史上最杰出的总统之一。

林肯出生于一个贫苦的家庭，父亲是鞋匠，他从小就得帮家里干各种活。而且也因为家贫，他早早就离开了学校，为生活四处奔波。他打过短工，当过水手、店员、乡村邮递员、土地测量员，还干过伐木、劈木头这些体力活。但是不管做什么，林肯都认真负责，诚实守信，把工作做到最好。

十几岁时，他在村里的杂货店当店员。有一次，一个顾客无意间多付了几分钱，林肯发现后，为了退这几分钱，跑了十几里路。还有一次，他发现少给了顾客二两茶叶，同样不辞辛苦跑了好几里路去补给顾客。由于他出色的表现，他到哪里，都受到大家的喜爱，也为他以后的政治生活打下了坚实的基础。

由于林肯在工作之余，坚持学习，因此他很快成为一个博学的人，并在 25 岁时当选为伊利诺斯州议员，走上了政坛。1836 年，他通过努力，正式成为一名律师。

为人诚恳，精通法律，口才出色，林肯凭借自己高尚的品格和出众的才能，赢得了当地人民的支持，来找他打官司的人络绎不绝。林肯为了不违背自己的良心，他对自己的当事人总要提出一个条件：当事人必须是正义的一方。如果你没钱付劳务费，只要你保证自己是正义的，林肯就愿意免费接受委托。

有一次，一个有钱人请林肯为自己辩护。林肯听了那个有钱人对案件的陈述，发现他完全是在诬陷好人，于是林肯说："非常抱歉，我不能替您辩护，因为您的行为是非正义的。"那个人不愿放弃，讨好地说："林肯先生，正义不正义有什么关系呢？您帮我打官司，只要能赢，酬劳数目随您开！"林肯严肃地说："我知道，对于您的案子，只要我稍微使用一些法律方面的技巧，就一定能赢。但是我

不能丢掉良心，在法庭上说谎，所以您还是离开吧。”

见林肯如此坚决，那个人只好离开了。

积累了丰富的政治经验后，林肯于 1860 年成为共和党候选人，在当年 11 月成功当选为美国总统。林肯在任内最大的成绩，就是废除了奴隶制。因为他在少年时曾经亲眼目睹奴隶主毒打奴隶，用铁条烫奴隶，那时林肯就愤慨地表示：“如果将来我有能力，一定要废除这可恶的奴隶制！”

林肯说到做到了。他一路走来，一心为民，受到美国人民永远的爱戴。■

案例 2：斯皮尔伯格的导演梦

史蒂文·斯皮尔伯格是美国著名的电影导演。《大白鲨》《侏罗纪公园》《辛德勒的名单》《拯救大兵瑞恩》《战马》……每一部电影都那么了不起。据统计，电影史上十大卖座影片中，有四部是斯皮尔伯格拍摄的。

之所以能成为顶尖电影导演，除了天分，和斯皮尔伯格多年来不断努力，坚持梦想是分不开的。斯皮尔伯格 12 岁那年，爸爸送给他一架袖珍摄影机，他立刻被这架小机器给迷住了，并下定决心，要成为一名电影导演。

斯皮尔伯格16岁上高中时，拿着自己积攒的400美元，自编自导拍摄了一部电影科幻冒险电影，在影院放映后，居然赚到了100美元。

第二年，斯皮尔伯格得到一次机会，去电影厂参观。当他走进其中，看着各种拍摄电影用的机器、道具，觉得就像走进了自己的梦想乐园。他暗暗立下目标：要拍出世界上最好的电影。

回到家里，斯皮尔伯格的脑海中还是电影厂的各种场景。他实在太喜欢那里了，于是第二天，他翻出一套难得上身的西装，把自己打扮得看起来很像那么回事，然后拿着爸爸的公文包，再次来到电影厂。为了能在里面多待些时间，他在公文包里放了块三明治，准备饿了用它来对付对付。

你别说，当一副大人打扮的斯皮尔伯格走到电影厂门口时，警卫居然没看出来，挥挥手便让他进去了。欣喜若狂的斯皮尔伯格拼命绷起脸，压抑着自己的兴奋，快步走进厂里。他这里摸摸，那里看看，最后还找到一辆废弃的手推车，用塑胶字母，在车门上拼出了“史蒂文·斯皮尔伯格导演”等字样。看着这辆小破车，他觉得自己离实现导演梦又近了一步。

光有梦想是不够的，要想成功，必须付出比别人更多的努力。接下去的日子里，斯皮尔伯格利用一切机会去结识各位导演、编剧，向他们学习如何拍好电影。在生活中，他也开始以一个导演的标准来要求自己。

终于，在20岁那年，斯皮尔伯格正式成为一名电影导演，开始了他越来越辉煌的导演生涯。

斯皮尔伯格从不满足于已经取得的成绩，他喜欢不断挑战自己。比如，当他拍摄的科幻电影《侏罗纪公园》风靡全世界时，他却没有趁热打铁，转而拍摄起黑白底片的写实电影《辛德勒的名单》。这部反映第二次世界大战中纳粹屠杀犹太人的史诗般的巨作，不仅获得了极高票房，而且在奥斯卡颁奖礼上获得多项奖项。

一个人有梦不难，难的是从零开始，不畏艰难地追梦过程。愿每个人都能最终拥抱自己的梦想。■

案例3：坚持梦想的杨澜

大家在电视屏幕上看到的著名主持人杨澜，总是那么自信，那么神采飞扬。其实，杨澜并不是一开始就如此出色，她也是在正确认识自我的基础上，一步一个脚印，逐渐成长起来的。

杨澜并不是学习主持专业的，她当时是北京外国语大学英语系的学生，刚进大学时，还因为听力课跟不上而非常沮丧呢。但杨澜狠下苦功，后来成绩便越来越好，终于找回了自信。

1990 年 2 月，中央电视台《正大综艺》节目在全国范围内招聘主持人。一向喜欢主持的杨澜暗想：何不去试试呢？就算没有录取，也是一次很好的锻炼啊！

在节目组面试时，杨澜表现得很不错，她的主持风格清新自然，遇到问题反应机智，给面试官们留下了很好的印象。尽管如此，经过了六轮面试后，杨澜还是没有被确定录取，因为节目导演和其他负责人觉得，杨澜不是特别漂亮。杨澜得知情况后，反问导演："为什么女主持人就一定得是漂亮的呢？难道她们就是为了给男主持人当陪衬吗？我希望自己能做一个聪明的、有气质的女主持人。"杨澜的话打动了导演，等她一毕业，就正式成为《正大综艺》的主持人。

进入央视后，杨澜更加感觉到，自己的选择是正确的，她要做一个出色的媒体人。经过不断努力，杨澜凭借独特的主持魅力，获得了"十佳"电视节目主持人、金话筒奖等众多奖项。这是很多主持人一生都未必能达到的高度。

但是，杨澜没有因此满足，反而是央视这四年让她在开阔眼界的同时，也更多认识到了自己没有经过专业训练的不足。于是，26 岁那年，杨澜毅然放弃了在国内获得的名气和荣誉，远赴美国哥伦比亚大学，就读国际传媒专业。

一个人在异国他乡，不但要从头开始学习，而且还要应付各种生活琐事。虽然杨澜来之前有思想准备，但实际情况还是远远超出了她的预期。有一次，杨澜写论文写到半夜两点钟，好不容易写完了，可还没来得及存盘，电脑突然死机了。杨澜当时急得立刻就哭了，可是哭有什么用呢？她咬紧牙关，重新启动电脑，一个字一个字，直到凌晨总算把论文完成了。她感叹说："世界上没有一件事是能轻而易举成功的，需要经历许多磨难和委屈。看来我一样也少不了啊！"

尽管如此，赴美留学给杨澜带来的还是收获大于艰辛。她在美国认识了更多成功的传媒人和先进的传媒理念，还在学习之余，和上海东方电视台联合制作了一档节目：《杨澜视线》。在这个节目中，杨澜同时担当策划、制片、撰稿和主持，以自己独特的眼光介绍

了美国的政治、经济、社会和文化等。这档节目共制作了40集，在国内52家电视台播出，杨澜由此从一个娱乐节目主持人，成功转型为复合型传媒人才。

这段时间，杨澜不但事业进一步发展，而且还遇到了自己未来的爱人吴征。吴征不但给杨澜带来了更多的人际关系和事业帮助，更鼓励杨澜要保持进取心，宁可在尝试中失败，也不要在保守中成功!

杨澜事业的道路越走越宽，几年后，她成为一名世界知名的主持人，并且围绕传媒这一核心，在商业上也取得了巨大成功。■

案例解码

再远的目标也要从第一步开始走

当今社会，竞争激烈，很多人在生活和工作中变得十分浮躁。他们渴望成功，恨不得自己的职业发展能“日新月异”，快速实现成功，一旦愿望落空，就变得事事消极，甚至怨天尤人。

但是，古人都知道“不积跬步，无以致千里”，因此在看了林肯、斯皮尔伯格和杨澜的事例后，是不是对你有了一些启发呢?

第一，就是不怕起点低，只要一直不放弃。

林肯从一个贫苦失学的少年，到成为美国总统，就因为他从不抱怨命运对自己的安排，而是在每一个位置上，都全力以赴，兢兢业业，从而赢得他人的信任，为实现将来更大的抱负打下基础。

第二点，做正确的取舍，并勇于坚持。

斯皮尔伯格和杨澜一样，他们都是在认清了自我能力和认定了目标之后，一步一个脚印走过来的。像杨澜，甚至为了更上一层楼，放弃已经在国内获得的名利，一切归零，从头开始学习，增强职业能力，结交更多的朋友、扩展更广的人脉……如此坚持五年、十年……最终获得全世界的认可，成为行业的领军人物。这似乎也印证了之前的“一万小时定律”。

第三点，即使天赋再好，也需要现实的努力。

大导演斯皮尔伯格，那简直就是为电影而生的天才，尽管如此，他也是从二十岁不到，就开始自觉地以一个电影导演的标准来严格要求自己，因此才能成其大业。就像一首歌里唱的：没有人能随随便便成功。

走在大街上或者在地铁里，经常听到一些年轻人讨论应聘或者工作方面的事，其中有两种言论，特别引人注意，一种是唯工资论，不管适不适合自己，不管未来前景如何，只看眼前工资高不高，否则就跳槽；另一种则是不计较一时工资高低，更多着眼于自身的特点和未来的前景。我想，十年以后，后一种人的职业发展一定会大大超越前者。

当然，一个人的职业成功，需要很多因素，知识、能力、机遇、人际关系等，并不是每个人都能获得世俗中通常认为的“成功”。但是，只要你在属于自己的天地中做到了尽力，实现了尽美，找到了属于自己的认同感和幸福感，那又何尝不是一种成功。

每个人的一生，都要经历付出、得到、欢乐、悲伤、成功、失败……每一种感受，都值得细细品味，而且越是成功的人，往往承受了越多的磨难。“不经历风雨，如何见彩虹”。未来就在你的手中，没有拼尽全力，就不要轻言放弃。■

互动环节

在职场中，你觉得思维、态度、能力、人脉、知识，哪一个更重要呢？请你来排个序。■

名人名言

吉鸿昌

路是脚踏出来的，历史是人写出来的。人的每一步行动都在书写自己的历史。

郭小川

但愿每次回忆，对生活都不感到负疚。

（俄国）列夫·托尔斯泰

人生的价值，并不是用时间，而是用深度去衡量的。

（俄国）屠格涅夫

先相信你自己，然后别人才会相信你。

墨子

志不强者智不达。

自我修养篇

5

态度决定一切

学习提要

- 理解正确的人生态度的重要性；
- 理解什么是正确的工作态度和人生态度；
- 理解“态度决定一切的”的真正内涵。

导入案例

案例1：会计应聘

一个同学被老师叫到黑板前，与另一个同学同时解答问题。他思考速度很快，并且迫不及待地用粉笔在黑板上刷刷刷地写起来，没几下，就做好了。这时，另外一名同学还在慢慢地边想边写。第一个同学心想，老师一定会表扬自己。

但老师的评语却出乎他的意料："两名同学都答对了，但第一位这潦草的字迹、马虎的解答，哪里是做学问的严谨态度？做学问，其实也得看一个人的态度……"

多年后，在职场上经过一番风雨的他，去应聘一个高级会计职位。凭着丰富的工作经验，他杀进了最后一轮面试。面试是二取一，他觉得自己有必胜的把握。

面试的内容，是让两个人统计一个账本中某个项目的年度收支情况。这只是最基本的业务操作，两个人都极其认真地完成了统计。他比竞争对手快了10分钟交卷，心里十分满意，也相当自信。

但结果却是他落选了！他不明白，去问原因，接待他的会计主管回答："你没有做月末统计，而他不但做了，还做了季度统计。虽然我们只要求你们做年度统计，但年度统计的数据应该从每月合计中得到——这不算什么会计学问，但反映了做会计的严谨态度。其实，你们到了最后一轮面试，能力是相差不多的。我们最后看的，就只是各人的态度罢了。"

案例 2：求职的年轻人

在英国，曾经有一位年轻人，当他从著名的伯明翰大学新闻系毕业后，想找一份媒体方面的工作。于是，年轻人从英国北部来到首都伦敦，心想大城市的机会应该比较多一些。

但是情况还是不容乐观，他在人才济济的伦敦也屡屡碰壁。有一天，他来到著名的《泰晤士报》，找到编辑部负责招聘的主管，问道："请问你们需要编辑吗？"

主管看看年轻人，模样平凡，没什么惊人之处，便遗憾地摇摇头："抱歉，我们不需要编辑。"

年轻人接着问："那么你们需要记者吗？"

主管盯了年轻人一会儿，依然摇摇头："不好意思，记者的位置也没有空缺。"说完这话，主管想年轻人肯定要起身离开了。谁知他还是没有走，环顾了一下四周，继续问："那么，校对和排版需要人吗？我也可以干。"

主管有点不耐烦了，挥挥手，说："不需要，我们现在任何岗位都没有招聘需要！"

谁知年轻人不以为意地微笑了一下，从包里拿出一张制作精美的告示牌，递给主管，说："既然如此，我想你们肯定需要这块告示牌。"只见告示牌上写着：名额已满，暂不招聘。

主管好奇地接过告示牌，仔细端详了一番，不由笑了。他遇到过很多应聘者，但像这个年轻人这样既执着又聪明，而且举止谦和的还真没有。于是主管决定破格对年轻人进行考核。结果，年轻人以优异的成绩通过考核，成为《泰晤士报》一名外勤人员。

后来，年轻人用自己的工作成绩证明：主管没有看错人。进入《泰晤士报》后，他干了很多岗位，当他做小小的校对员时，他能看出许多别人看不出的句子和语法错误；后来到广告部门做编辑，他又是样样做得出色；接着，总编又把他调到更重要的时事部做编辑，他依然不负众望，不但策划能力出众，而且在稿件整理修改、版面安排上都新颖准确，超出一般人……就这样，年轻人一步一个脚印，从最底层做起，最后当上了报社的总编。

他就是《泰晤士报》的总编辑西蒙。■

案例 3：女教师和福特

20 世纪初，随着美国经济的发展，各地建了不少私立学校，但是公立学校却很少。这样一来，穷人家的孩子就很难获得良好的教育。有一位名叫艾丽丝的女教师，她深知教育的重要性，为了让穷人的孩子也能上得起学，她决定筹集资金，在自己居住的当地建一家公立学校。

可是，建学校得有钱，到哪里去筹集资金呢？最好的办法当然就是让有钱人捐款。可是让别人捐款可不是那么容易的。

艾丽丝决定去向富豪福特募捐。可是，当艾丽丝把自己的意图告诉福特时，福特毫无表示。因为他已经被太多人盯着捐款了，产生了厌烦心理。福特从口袋里摸出一枚 10 美分的硬币，丢在桌子上，冷冰冰地说：

“对不起，女士，我就这么点钱，拿上它赶紧离开吧。”

如果是其他人，恐怕早就被福特的这番羞辱给气得跑掉了，但是艾丽丝没有生气，她拿起那 10 美分，礼貌地说了声“谢谢”便离开了。

艾丽丝回到家，用那 10 美分去集市上买了一些花生种子，然后把花生种子种到了园子里。一年后，园子里的花生长得一片繁茂，结出了累累果实。

艾丽丝给花生园拍了一张照片，拿着照片和一枚 10 美分的硬币，又来找福特了。福特一开始心想：这还真是个难缠的女人，她恐怕又是来要钱的，哼，我绝不会答应的！

没想到，艾丽丝没提捐款的事，而是拿出照片和那枚硬币，对福特说：

“今天我是来给您还钱的。瞧，您去年送给我 10 美分，虽然不多，但它现在已经变成

了一片生机勃勃的花生园，所以真该感谢您啊！小小的投资，有时会带来意想不到的收获呢！”

聪明的福特当然明白艾丽丝的意思。不过他被眼前这位女教师美好的心灵和执着的精神感动了，慷慨地说：“好吧，女士，您不用说了，我答应为您的学校捐款！”

福特拿出笔和一张空白支票，在上面写下了“25000”这个数字。25000 美元在当时堪称天文数字了。

后来，艾丽丝就用福特的捐款，建起了一所美丽的学校，而福特呢，被艾丽丝乐观又坚强的毅力所感动，在之后的几年里，又欣然解囊，陆续为这所学校捐建了一幢以他的名字命名的教学楼和其他几座哥特式学校建筑。■

案例解码

态度决定一切

我们在学校、在职场，在生活的很多地方，都经常听到一句话：态度决定一切。据说这是美国西点军校的一句名言。你别说，这句话倒真是适合用在生活的方方面面。学习中，有认真的态度，才可能进步；工作中，有努力的态度，才能把事情做好；即使是烧一餐饭，也常有人说：用爱做出来的饭菜，味道是不一样的……

是呀，很多事情就是这样，你用什么态度对待它，它就用什么结果来回报你。

拿那位到《泰晤士报》求职的年轻人来说吧。他也许一开始就估计到了失败，但依然表现得非常主动和积极。女教师也一样，她去向福特募捐，福特不但没有给，还扔给她 10 美分，这简直带有侮辱的味道了。但是女教师用自己良好的修养和宽容的胸怀，最终赢得了福特的尊重，并且达成甚至超出了当初的预期。

这就让我们认清了职场中应该具备的一种重要品质：积极努力坚持到底的态度。

而会计应聘的案例说明的则是职场中的另一种态度：认真。世上就怕“认真”二字，很多事情的成败，也许不在于目标如何定，方法如何实施，而是决定于是否有认真的态度。

由态度，不由让人联想到了它的一个近义词：心态。态度是外向的，是让别人感受到的情绪；而心态是内趋的，它是自我感受到的情感。我们常说：心态要好。一个人如果对人对事的心态好了，他表现出的态度一定会好。比如两个人同样面对半杯水，一个人会认为：哎呀，太糟糕了，只剩半杯了。而另一个人会想：太好了，还有半杯呢！如此不同的心态，就会呈现出不同的态度。而不同的态度，就决定了一个人是否愿意把事情做得更完美，从而决定他能否在职业道路上走得更远。

俗话说，世上无难事，只怕有心人。有心就是有积极认真态度的人。他们不怕吃苦，始终抱着“努力不一定会成功，但不努力就一定不会成功”的做事信条。而且，因为有了积极的态度，即使再苦，他们都不会抱怨、气馁，甚至不怕失败。这样的人，一定更有机会比别人在生活和事业中取得更好的成绩，更有可能走向成功。

据说曾经有人调查和总结过，说成功的人和失败的人之间，最大的差别就是成功的人总是用积极乐观的态度来掌握自己的人生；而失败的人正相反，总是用怀疑和消极来对待生活。你，愿意成为前者还是后者呢？

互动环节：

下面有 25 个问题，请根据你的实际情况如实回答。

回答从否定到肯定分为 5 个等级。

0 分表示完全否定；

1 分表示基本否定；

2 分表示说不准；

3 分表示基本肯定；

4 分表示完全肯定。

请把每题的得分记下来。

（1）你现在对自己抱有信心吗？

（2）当你情绪不好时，你会进行调解吗？

（3）你有明确的人生目标吗？

（4）你有业余爱好吗？

（5）对于生活中出现的问题，你能往积极乐观方面想吗？

（6）你经常进行体育锻炼吗？

（7）当事情没做好时，你也不因为此否定自己吗？

（8）你能以幽默的态度对待生活中的许多事情吗？
（9）你已不过分关注自己的心理问题或症状，而去做你该做的事吗？
（10）你的惧怕心理越来越少，胆量越来越大吗？
（11）你只关注着自己的进步，而不和别人盲目比较吗？
（12）你能把学到的理论运用于自己的生活实践吗？
（13）你是否认为你应该对自己的人生负责，而不应归咎于父母等外界因素？
（14）你有可以相互交流，相互倾诉，相互帮助的朋友吗？
（15）当别人提出你不愿意接受的要求时，你是否能够加以拒绝？
（16）你是否能理解别人和关心别人？
（17）你是否能安下心来专心地做事？
（18）你对生活充满着热情而不是无聊消沉吗？
（19）你已明确了自己的长处和短处并加以辩证地看待吗？
（20）你能保持着对外界的关注，而不是盯着自己的心理状态吗？
（21）你对自己出现退步或反复能加以宽容吗？
（22）你能把生活安排得井井有条吗？
（23）你是否已不十分在意别人的看法？
（24）你是否已不拿一些无关的事情来否定和考验自己？
（25）你的情绪基本上处于稳定和良好的状态吗？

分析：

总分达到 65 分为及格；66 ～ 80 分为基本合格；81 ～ 95 分为良好；96 分以上为优等；低于 65 分则要引起高度警惕，马上进行调整。■

名人名言

（美国）吉格斯

态度决定成败，无论情况好坏，都要抱着积极的态度，莫让沮丧取代热心。生命可以价值极高，也可以一无是处，随你怎么去选择。

（美国）马斯洛

心态若改变，态度跟着改变；态度改变，习惯跟着改变；习惯改变，性格跟着改变；性格改变，人生就跟着改变。

（奥地利）弗兰克

我可以拿走人的任何东西，但有一样东西不行，这就是在特定环境下选择自己的生活态度的自由。

（古罗马）西尼加

差不多任何一种处境——无论是好是坏——都受到我们对待处境的态度的影响。

6

不良习惯是最大的敌人

学习提要

- 理解习惯的力量，建立良好的工作习惯和生活习惯；
- 理解错误的习惯是最可怕的敌人；
- 理解为什么要把职场优秀变成我们的第二天性；
- 理解为什么只有把感悟变成习惯，生活才能改变。

导入案例

案例1：齐白石的自我约定

齐白石先生，是我国著名的画家。大家都知道他特别擅长画小动物，尤其是虾，那真是活灵活现，栩栩如生！除了绘画，齐白石还很擅长篆刻，这方面也颇有建树。

但是，任何人想取得杰出成绩，都不可能一蹴而就。齐白石年轻时，因为喜欢篆刻，非常想跟一位老师学习。于是，他去拜访一位著名的老篆刻家，说了自己想学篆刻的心愿。老篆刻家不以为然地指着院子里说：

“行呀，瞧，那里有许多石头，你挑一担子回家，等到这些石头都变成了泥，你就可以学成出师了。”

周围的人听了这话，觉得老篆刻家肯定是因为不想教齐白石，所以才故意这么说，都叫齐白石别当真。可齐白石没这么想，他真的挑起一担刻石回家了。每天，他拿着刻刀，对照古今篆刻名作，在石头上刻呀刻，刻好了一遍，就把石头磨平，继续刻第二遍。篆刻是很辛苦的，齐白石的手上经常磨出许多水泡，等水泡好了，又起了一层层老茧……齐白石给自己立下规矩，每天都要坚持刻，不能间断。

眼看着一担刻石越来越少，地上被磨下来的石头粉末越来越厚……几年过去，当一担刻石真的都“化作尘埃碾作泥”时，大家发现齐白石的篆刻技艺果然达到了炉火纯青的程度。

齐白石不但年轻时给自己定下严格的规定，即使到了功成名就的晚年，他依旧这么严格地要求自己，这种严格和认真已经成为他的人生习惯。

齐白石晚年时，有一次过生日。因为学生、朋友特别多，所以那天从早到晚家里就没断过人，大家欢聚一堂，非常开心，齐白石老人也累坏了，送走最后一批客人后，他实在支持不住，倒头就睡着了。

但是第二天，家人发现齐白石一大早就起床了。他早饭也没吃，就先到画室去画画。家人劝他先吃早饭，他却摇摇头说：

“不行不行，我给自己规定好的，每天至少要画 5 张画，不把昨天的 5 张画补画好，哪里吃得下啊！”等了好久，5 张画总算完成了，家人想这下该吃饭了吧。谁知齐白石还是没有停笔的意思。家人怕他饿坏了，有些着急，就问他：

“不是说就画 5 张吗？现在已经补够了，怎么还画啊？”

齐白石老人呵呵一笑，说：“昨天为了过生日，没按照规定作画，所以今天要多画几张，以补昨天的‘闲过’！”

瞧，齐白石就是这样始终以“不让一日闲过”来要求自己，九十多岁高龄还坚持不懈，难怪能成为一代大家呢！

案例 2：海边的点金石

古时候的亚历山大帝国，据说有一座规模很大的帝国图书馆，里面藏书非常丰富，有各种各样的奇书。后来，图书馆不幸发生了火灾，里面的绝大部分书都付之一炬了，只有少数图书幸免。在这些幸免的图书中，有一本外表很普通的，后来不知怎么就流落到了民间。

传说当时有一个略识些字的穷人，无意间买下了这本书。当他翻看这本书时，意外发现里面夹着一张薄薄的羊皮纸。他好奇地仔细一读：天哪，上面居然记载着点金石的秘密——据说有一种奇特的小圆石头，只要用它对着任何普通的石头一点，就能把那块普通的石头变成金子！

更让人兴奋的是，羊皮纸上还说了在哪里能找到点金石。它就在黑海边，模样和普通石头没什么区别，唯一辨别的办法就是拿起来摸一摸——一般的石头摸起来是凉凉的，而点金石摸起来却是温热的。

看着羊皮纸，这个穷人激动极了。如果能找到点金石，那就可以改变命运，变成世界上最富有的人！想想就让人兴奋得睡不着觉啊！于是，第二天一大早，这个穷人就立刻打点好行装，长途跋涉来到黑海边，准备开始寻找点金石。

可是，应该怎么找呢？黑海边的石头多着呢，而且长得都差不多，如果一块一块地摸，会不会重复摸到同一块呢？

这个穷人倒也挺聪明的，他想到一个办法，就是每当捡起一块石头，摸到如果是凉的，就用力扔向水中央，这样就能保证下一块捡到的是不重复的石头。

第一天，这个穷人在水边一块一块地捡呀、摸呀，折腾了一天，结果都是些凉凉的石头，全被他一一扔到水中间去了。不过他没灰心，本来嘛，神奇的点金石怎么可能那么好找呢？

晚上，这人就露宿在黑海边，第二天天一亮，他起来继续"摸石头"。

就这样，一个月过去了，一年过去了……这个人挺有毅力的，在黑海边一待就是三年，每天重复着同样的动作：捡起石头感觉一下，凉的，然后用力扔向远处。几年下来，这变成他的一个习惯动作，几乎不用思索。

后来有一天早上，他继续弯腰"干活"。忽然，他捡起一块石头，摸了摸，是温的！可是还没等他反应过来，就顺手把这块石头扔到了远远的水中。直到"扑通"一声水花响，他才猛地意识到：哎呀不好，这不就是自己几年来一直在寻觅的点金石吗？自己竟然习惯成自然地把它给扔掉了！

可是，再生气有什么用呢？点金石肯定是找不回来了。这个人多年养成的习惯，关键时刻害了他啊！■

案例3：禅师的最后一课

一位著名的禅师即将不久于人世，他的弟子们坐在他的周围，等待师父告诉他们人生和宇宙的奥秘。

禅师一直默默无语，闭着眼睛。突然他向弟子问道："怎么才能除掉杂草？"

弟子们目瞪口呆，没想到禅师会问这么简单的问题。

一个弟子说："用铲子把杂草全部铲掉！"禅师听完微笑着点头。

另一个弟子说："可以用一把火将草烧掉！"禅师依然微笑。

第三个弟子说："把石灰撒在草上就能除掉杂草！"禅师脸上还是那样的微笑。

第四个弟子说："他们的方法都不行，那样不能除根的，斩草就要除根，必须把草根挖出来。"

弟子们讲完后，禅师说："你们讲得都很好，从明天起，你们把这块草地分成几块，按照自己的方法除去地上的杂草，明年的这个时候我们再到这个地方相聚！"

第二年的这个时候，弟子们早早来到了这里。他们之前都用各自的办法试过了，却没能彻底铲除杂草，早就已经放弃了这项任务，如今只是为了看看禅师用的是什么方法。

禅师那块原来杂草丛生的地已经不见了，取而代之的是金灿灿的庄稼。弟子们顿时领悟到：只有在杂草地里种上庄稼，才是除去杂草的最好方法。

他们围着庄稼地坐下，庄稼已经成熟了，可是禅师却已经仙逝了。这是禅师为他们上的最后一堂课，弟子无不流下了感激的泪水。

是的，要想除掉旷野里的杂草，只有一种方法，那就是种上庄稼。

要想心灵不荒芜，唯一的方法就是修养自己的美德。

案例解码

小小习惯的无形力量

习惯每个人都有，大到做人、做事的原则和方法，小到生活中的细枝末节。而本节中三个关于习惯的案例，可以说正好从三个方面阐述了好习惯的重要、坏习惯的可怕以及如何克服坏习惯，养成好习惯。

首先，好习惯都不是一蹴而就的，需要慢慢培养。孔子说：“少若成天性，习惯如自然。”不仅齐白石如此，很多成功人士在事业上都有着良好的习惯。

英国教育家洛克对此有过总结：习惯一旦养成之后，便用不着借助记忆，很容易很自然地就能发生作用了。是呀，那位在海边寻找点金石的穷人不就是如此吗？他辛辛苦苦数年，当成功来临的那一刻，却因为长期以来养成的往海里扔石头的习惯性动作，使他做出了后悔不迭的事，最终功亏一篑。

第二，人们都知道好习惯的益处和坏习惯的弊端。那么为什么一个人还会养成坏习惯呢？那是因为坏习惯导向的往往是舒适、懒散、放松、不高的自我要求……因此它的养成，要比好习惯容易得多。拿一件很小的生活事例来说，好习惯告诉你，平日应该多喝白水，少喝饮料。可是饮料味道好，它会引诱你在明知不该的情况下依然做出错误的选择。

第三，每个人都不希望自己被坏习惯左右，都希望与好习惯相伴。那么如何改变坏习惯呢？除了有坚定的意志，不妨像禅师考弟子时那样做：努力建立好习惯，让好习惯慢慢击退坏习惯。

曾经有人说，我们无法选择自己的出身，无法决定自己的环境，但是可以塑造自己的行为和习惯，当你将优秀变成自己的习惯，那么它就会让你受益一生，帮助你走向优秀。法国著名作家莫泊桑说：一件小事可以成全你，也可以败坏你。有句古语叫：勿以善小而不为，莫以恶小而为之。其实这两句话中的“小事”和“善恶”如果理解成“好习惯”和“坏习惯”，是不是也非常合适呢？

习惯决定着行为，行为决定着成败，成败也许就决定了命运。那么说习惯在某种程度上决定了命运，虽有些夸大，但不是没有道理吧。

如果你是一个渴望成功的人，如果你认识到了自己身上的坏习惯，那就不要怕向这个“敌人”发起进攻。时时主动思考，多多自我反思，在这个过程中不断纠偏，获得感悟，逐渐提高，就能成就未来一个优秀的你。■

互动环节

据行为心理学家研究表明，一个人如果能连续21天重复同一个行为，就能形成习惯；如果能连续90天重复同一个行为，就能将之形成稳定的习惯。那么我们的考验来啦，请你找出自己一个最大的坏习惯，制定出改变的方法，然后做一个日期表格，开始改变，完成一天就在表格里勾一下，看自己能不能坚持21天，当然，如果能坚持90天，就要给你一个大大的赞了！

小提示：你可以请周围的家人、朋友或者寝室室友监督提醒，也许这样成功的希望就更大了。■

名人名言

（俄国）乌申斯基

如果良好的习惯是一种道德资本。那么，在同样的程度上，坏习惯就是道德上的无法偿清的债务。

（法国）纪德

恶习的最大害处，是贬抑了一个人的价值。

（英国）毛姆

改变好习惯比改掉坏习惯容易得多，这是人生的一大悲哀。

7

培养良好的职业性格

学习提要

- 理解职业性格与命运的关系，理解职业环境与性格改变的关系；
- 了解职业生涯与职业性格；
- 培养自己良好的职业性格。

导入案例

案例1：苏秦的逆袭

苏秦是战国时期著名的谋略家。根据《史记》中记载，苏秦幼年拜鬼谷子为师，学习纵横捭阖之术。鬼谷子的学生中，除了苏秦，还有孙膑、庞涓、张仪这样的人才，应该说，苏秦很幸运。

不过，苏秦一开始并没有好好学习，还未学成便匆匆下山，准备大展宏图。年轻的苏秦想凭着自己的学识和口才游说各国，但遗憾的是，他外出游历多年，不仅一无所获，还把变卖家产所得的钱都花完了。他穷困潦倒，只能穿着破衣草鞋狼狈地回家了。

此时的苏秦，钱花光了，衣服穿破了，又黑又瘦，落魄得像个乞丐。据《战国策》记载，苏秦“归至家，妻不下纴，嫂不为炊，父母不与言”。也就是妻子见他这副模样，摇头叹息，继续织布；嫂子见他这个样子，扭头就走，不愿做饭给他吃；父母、兄弟、妹妹不但不理他，还暗暗笑他活该！苏秦归家不但没有得到家人的关心，反而是备受冷落，遭到了白眼。

苏秦看到家人这样对待他，十分伤心。他关起房门，不愿见人，对自己做了深刻的反省："妻子不理丈夫，嫂子不认小叔子，父母不认儿子，这都是因为我不争气，没有好好学习啊！"

他认识到了自己的不足，重新振作起精神。苏秦搬出所有的书本，夜以继日地发奋苦读，有时候不知不觉就累得伏在书桌前睡着了。第二天醒来后他总是后悔不已，可是并没有什么办法抵抗睡意。有一天，苏秦读书时，实在困极了，又不由自主地趴到了书桌上，但他突然感到手臂一阵刺痛，立马睡意全消。原来，是书桌上放着的一把锥子不小心扎到了苏秦的手臂，疼痛驱散了睡意。

苏秦马上想出了让自己不睡着的办法：锥刺股（大腿）！以后，每当苏秦读书累了要打瞌睡时，他就用锥子扎大腿一下，让自己保持清醒。家人见到他这样，忍不住劝他，苏秦说："不这样，就会忘记过去的耻辱！"

苏秦一边刻苦读书，一边细心揣摩六国形势。经过一年的勤学苦读，他终于学有所成。苏秦再次离家前往列国进行游说。这一回，他靠着自己的学识和非凡的口才，终于取得了成功，游说六国合纵结盟，自己出任"从约长"，身兼六国相位。此时的苏秦再回乡，自是另一番景象：诸侯派使节送他，仪仗旌旗，前遮后拥达二十里。途径故里时，家人得到消息，赶到 30 里外去迎接他。他的母亲远远地扶杖观看，惊奇得啧啧称叹；妻子、嫂子都恭恭敬敬伏在郊外迎接，不敢仰视……

根据自己的性格特点选择合适的工作，不墨守成规、安于现状。在遇到挫折时，不气馁、不放弃，而是发奋图强，有强烈的事业心，并愿意为之努力付出，最终证明了自己的价值。这也是苏秦成功的秘诀。■

案例 2：20 美元的启示

美国加州大学在一次校庆中，邀请了泰勒——一位著名的演说家来发表演讲。面对众人，泰勒拿出一张崭新的 20 美元的钞票，问道："谁想要这张钞票？"

只见台下一个个都举起了手。

泰勒扫视了一下观众，继续说："我手里的这张 20 美元的钞票将送给你们中的一个人，但首先请允许我做一件事。"说着，他开始把钞票揉皱，然后甩甩褶皱不堪的钞票，接着问："谁还想要？"

台下仍然举起好多只手。

泰勒得意地笑了笑，把钞票往地上一扔，开始用脚狠命地踩啊、辗啊。然后，他弯下腰，捡起钞票。现在，这张钞票已经皱巴巴、脏兮兮的了。他抖了抖钞票上的灰尘，展开钞票，说："现在谁还想要？"

大家仍然举着手。

这时，泰勒认真地说："我亲爱的朋友们，你们都已经学了一堂非常有价值的课。不管我怎么蹂躏这张钞票，你们仍然想要它，那是因为无论再皱再脏的钞票，它的价值并没有减少，它仍然值 20 美元。"

案例 3：一台计算机的故事

在美国，有一台巨型计算机，大部分最复杂的计算都由它来处理，比如核武器设计、航天飞机发射、总统选举统计、全美气象报告、股市行情分析，它几乎无所不能。

这台计算机由一个年轻人负责管理，他就住在计算机机房的隔壁。同其他年轻人一样，这个年轻人也要谈恋爱。有一次，他和一位美丽的姑娘约会，姑娘说："你什么都好，就是没有诗意，如果有点诗意，你就完美了。"

年轻人很苦恼，就来问计算机："我亲爱的朋友，怎样才能获得我女朋友的爱情啊？"

计算机说："什么是女朋友？"

年轻人告诉了它，并详细描述了他的女朋友如何可爱。

计算机又问："什么是爱情？"

年轻人没有办法回答，就找来了最权威的百科全书、世界各国关于爱情的文学名著给计算机。结果，这台计算机花了 45 分钟，将人类千百年来都没弄懂的问题研究了一遍，打出两个字"懂了"。

然后，计算机为年轻人打印了一首非常优美的诗。

正如您猜想的，第二次约会很成功！小伙子很高兴，还得到了女朋友的吻和一件精美的礼物。

小伙子把愉快的经历告诉了计算机，计算机倒显得有些失落。

年轻人问它怎么了，计算机说："我也想要个女朋友。"

"你不可以有女朋友。"年轻人回答。

"为什么不可以？"

"因为只有人才能有女朋友。"

"为什么只有人才能有女朋友？"

"……反正别的计算机都是没有女朋友的。"

"为什么人有女朋友，计算机没有女朋友？"

"因为我是自然人，你是机器！"

"为什么自然人可以有女朋友，机器不可以？"

年轻人被逼问得没有办法，只好回答说："这是命运……"

这天夜里，突然警铃大作。年轻人被刺耳的铃声吵醒了，他知道是计算机出问题了。他赶紧跑到隔壁，发现计算机正冒着浓烟……

年轻人发现，计算机打印出了一大堆纸，就赶紧上去查看，发现上面的内容，充满了对"命运"的思考！

最后，计算机写道："我亲爱的朋友，看来我是战胜不了命运了。原先我还以为这个世界上没有我解决不了的问题，现在，既然我战胜不了命运，我决定毁灭我自己。在毁灭我自己之前，我想说，我的朋友，我们合作得很好，你大概还需要我，所以，我写了一些诗歌，现在打印给你……"

年轻人一看，这些诗歌，如果他每天用一首，足够用 200 年！■

案例解码

性格决定命运

假如苏秦穷困潦倒回到家乡后，从此一蹶不振、郁郁寡欢地生活下去，还会有历史上这个著名的谋略家，一人身佩六国相印的苏秦吗?

答案是否定的。苏秦第一次下山游历，并未获得成功，他不但花光了盘缠，还落得个被家人嘲笑的下场。但他并未从此消沉，而是在深刻反省了自己的不足之后，在家闭门不出，夜以继日地发奋读书。成语“头悬梁、锥刺股”中“锥刺股”的主人公，就是苏秦。在遇到挫折时苏秦没有自暴自弃，而是直面挫折，发奋努力，最终证明了自己的价值。

同样地，《20美元的故事》告诉我们，生命的价值取决于我们自身。20美元无论多脏、多旧、多么不堪入目，它依然价值20美元。我们每个人都是独特的，尽管人生路上，我们会无数次地被逆境击倒，甚至粉身碎骨，但我们作为人的价值永远不会丧失。生命的价值取决于我们自身！不要因为一时的挫折而轻易怀疑自己的价值。

人们常常喜欢用“命运”一词来解释生活中的诸多不如意，但《一台计算机的故事》

教会我们：如果不能以积极的态度和行动来改变我们的处境，那最终只能走向毁灭。

以上三个案例给了我们很多启示：

第一，要重视自己的价值。

我们每个人都是独一无二的。生命的价值不在于我们做了什么，而在于我们是谁。我就是我，绝无仅有。也许我们常常跌倒，感觉自己丧失了价值，但无论发生了什么，我们都不会失去自己的价值。

第二，环境可以在一定程度上影响性格，而性格决定命运。

人的性格是在长期的生活实践中，受到社会各方面的影响和教育，长期塑造而成的。环境可以在一定程度上调适性格，而性格决定命运。我们每个人都是自己命运的设计师，命运就掌握在自己手里。当我们身处逆境时，不同的处事行为将会导致不同的结局，也就是我们常说的不同“命运”。

第三，培养良好的性格，不要轻易被挫折击倒。

心理学家认为，人的性格的形成有天生的因素，也有后天环境的影响。后天环境包括家庭环境、学习环境、工作环境等。培养良好的性格，对我们的职业发展、乃至人生，具有诸多意义。性格不是一朝一夕形成的，工作可以磨炼我们的性格，我们也可以有意识地改造自己、控制自己。在遇到挫折时，不气馁、不放弃，并为之努力付出，我们可以直面命运，但绝不能任命运摆布！只有这样，我们才能最终实现自己的梦想。■

互动环节

性格小测试：从日常小动作看人的性格

（1）边说边笑：这种人大都性格开朗，对生活要求不苛刻，富有人情味，知足常乐。与你交谈时会令你觉得非常轻松愉快。

（2）喜欢掰手指关节：这种人通常精力旺盛，非常健谈，对事业、工作环境比较挑剔。对于喜欢干的事，会不计代价踏实努力地去干。

（3）腿脚抖动：这类人最明显的表现是自私，很少考虑别人，凡事从利己出发，对别人吝啬。但他们善于思考，能经常提出一些意想不到的问题。

（4）拍打头部：这个动作是表示懊悔和自我谴责。这种人对人苛刻，心直口快，但对事业有一种开拓进取的精神。■

名人名言

（法国）司汤达

一个具有天才的人，具有超人的性格，绝不遵循通常人的思想和途径。

（法国）巴尔扎克

逆运不就是性格的试金石吗？

（苏联）高尔基

一个人的价值，完全决定于他自己。

8

遵守法律就是保护自己

学习提要

- 理解法律是公平、正义、道德和伦理的化身；
- 做到有法可依、有法必依、执法必严、违法必究；
- 能够依法维护自己职业生活中的合法权益。

扫码进入名师课堂

导入案例

案例1：美国“史特拉奖”的创始者

一天，七十二岁的美国老太太瑞贝卡·史特拉和孙子一起开车出门办事。在经过麦当劳时，孙子在窗口给史特拉太太买了一杯咖啡。

史特拉太太将咖啡放在两腿中间，她试图打开咖啡杯的盖子，往里面加糖和奶精。不幸的事发生了：车在行驶过程中颠簸了一下，咖啡打翻了，滚烫的咖啡把史特拉太太的大腿烫得通红。史特拉太太痛苦地呻吟道：“宝贝，快送我去医院……这咖啡实在太烫了……”

孙子吓得呆住了，听到史特拉太太的话，这才醒过神来，急忙驾车飞快赶往附近的医院。经过医生的诊治，史特拉太太受伤的部位已经达到了三度烫伤的程度，需要住院治疗。主治医生一脸严肃地说：“这个程度的烫伤，恐怕需要进行植皮手术来修复了。而且，史特拉太太年纪大了，承受不住长时间的手术，一次手术不能完成，需要分多次进行手术。”

史特拉太太的孙子满脸自责地对闻讯赶来的史特拉太太的女儿说：“都怪我，没能照顾好祖母。”史特拉太太疼得满脸是汗，却拉着孙子的手说：“亲爱的，这不怪你，都怪麦当劳的咖啡太烫了！”

于是，史特拉太太一家走上了维权之路。起初，史特拉太太的女儿只要求麦当劳赔偿他们2万美元的医药费及护理费。但麦当劳傲慢地表示，只能赔偿800美元。一怒之下，史特拉家聘请了律师，将麦当劳起诉到了法院。

当时的舆论普遍支持麦当劳，甚至对史特拉太太冷嘲热讽。但当律师在法庭上展示老太太受伤的照片时，满座震惊。经查证，麦当劳当时出售的咖啡确实温度偏高，高于其他快餐连锁店。更为严重的是，杯子上也没有任何明显的警示标识。但麦当劳的代表却在法庭上侃侃而谈，说他们咨询了咖啡专家，96度冲泡的咖啡，递交到顾客手里时在82度到86度之间，口味最为醇厚。史特拉太太的律师马上追问：“贵店难道没有从消费者人身安全的角度咨询过烫伤专家的意见吗？”

答案当然是否定的。法庭通过查阅麦当劳公司内部的文件记录，发现在过去的十年间，麦当劳总共收到700余起咖啡烫伤事故的投诉，但麦当劳只是私下给受害者一点补偿了事，并未实际考虑改善这一问题。陪审员们愤怒至极。商家看到的只有冷冰冰的数字，而不是那700多名消费者被咖啡烫伤所致的痛苦。最终法庭判决麦当劳必须赔偿史特拉太太。双方实现庭外和解，赔偿金额定格为100万美元。

一个民间组织每年评选出类似的维权案例，并命名为“史特拉奖”——即“荒诞诉讼奖”，以此纪念瑞贝卡·史特拉太太。

案例 2：被抢注的海信商标

“海信”（英文名称“HiSense”）大家一定很熟悉吧？它是我国家电行业的著名商标。海信集团的前身是青岛电视机厂，从最早的电视机生产企业，发展到今天拥有电视、空调、冰箱、手机、计算机等多元化产品线的大型国有企业集团。

1993 年以前，海信集团公司的前身青岛电视机厂使用的商标都是它自身的企业名称“QINGDAO”（青岛）。随着企业规模的不断扩大，产品门类也不断增加，“QINGDAO”（青岛）这一商标作为客观存在的地名，不利于品牌的传播，也不能扩大使用范围。正是基于这种情况，公司决定创设一个全新的商标，既能用作产品商标，又能用于企业名称。公司在企业内部面向全体职工发出了征稿启事。经过一段时间的征集、选评，最终确定由企业总工程师钱钟毓设计的“海信”（英文名称“HiSense”）作为企业的中英文商标，并立即办理了商标注册申请手续。

“海信”“HiSense”于 1993 年 4 月开始正式作为商标使用。1993 年 12 月，青岛市经委批准成立海信集团公司，此后，海信集团公司及其投资设立的公司全部使用“海信”“HiSense”作为商号，所有产品均使用中文“海信”及英文“HiSense”商标。

海信集团不断发展壮大，企业知名度不断提升，1999 年，“海信”“HiSense”商标被中国国家工商总局商标局正式认定为驰名商标，这一品牌的知名度、美誉度和价值，得到了认可。

然而，距离被国家工商总局认定为驰名商标仅仅过了 5 天，博世—西门子就在德国抢先注册了“HiSense”商标。该商标与海信的“HiSense”商标完全一致，连字母大小都分毫不差。从 2001 年起，海信与西门子开始了长达 5 年的商标纠纷。尽管中国商务部和欧盟介入此事，但西门子对海信开出 4000 万欧元的转让高价，还将海信告上了德国科隆地方法院。

此事一度在业内掀起轩然大波，也受到了中国政府的高度关注。经过充分磋商，西门子与海信就商标问题达成了和解，西门子在德国科隆地方法院撤诉，海信商标物归原主。

在中国加入世贸组织、内地企业开始向境外市场阔步推进的同时，有一种现象开始出现：境外企业或个人开始上演抢注中国内地知名商标的大戏，成为中国内地企业产品进入海外市场的新阻碍。■

案例 3：三星 Note7 手机的“爆炸门”

2016 年 9 月的一天，小伙子斯特罗贝尔坐在咖啡馆里，他一边喝着咖啡，一边在等朋友的到来。突然，裤袋里的手机震动了一下，“也许是朋友的短信来了。”他伸手去裤袋里准备把手机掏出来。那是最新款的三星 Note7 手机，才刚刚上市没几天，那可是他连夜排队才买到的呢。“等会可得好好跟朋友炫耀炫耀。”他想。

可就在这时，裤袋里突然发出了“砰”的一声响，响声过后，斯特罗贝尔的裤袋破了，大腿变成了黑漆漆的一片，而他新买的三星 Note7 手机也变成了一块“黑砖”。“快，快帮帮我……疼……”旁边咖啡馆的店员见了，连忙拨打紧急救助电话，将他送进了医院。经医生诊断，斯特罗贝尔全身二级烧伤。而这一切，都是那款最新的三星 Note7 手机爆炸造成的。

为此，斯特罗贝尔委托律师将三星集团告上法庭。这也是三星 Note7 手机爆炸事件中的首起索赔诉讼。无独有偶，10 月 11 日，中国上海市民姚某也因 Note7 爆炸而将三星告上法庭；10 月 16 日，美国内华达州、宾夕法尼亚州、加利福尼亚州的 3 名 Note7 用户向新泽西州纽瓦克地方法院提出了索赔诉讼；10 月 24 日，韩国一家律师事务所代表数十名 Note7 用户针对三星电子向首尔中央地方法院提出索赔诉讼；11 月，三星公司因 Note7“爆炸门”事件在加拿大遭遇集体诉讼，安大略高级法院已受理此案……全球多地接二连三地发起了针对三星的诉讼案。

韩国三星集团下属的三星电子 9 月中旬宣布在全球召回 Note7 手机。但三星 Note7 手机“爆炸门”事件“余震”不断，并蔓延至了 2017 年，三星在全球面临此起彼伏的诉讼浪潮，其中在美、韩等国的一些地方还面临着集体诉讼。■

案例解码

要学会运用法律武器保护自己

如果你是史特拉太太，你会像她以及她的家人一样，锲而不舍地状告麦当劳，直到麦当劳赔偿并认错吗？估计大多数人都会像其他遭遇麦当劳咖啡烫伤事故的人一样，先投诉，然后私下得到一点赔偿了事，很少有人会像史特拉太太和她的家人这么较真。美国的“史特拉奖”，也称为“荒诞诉讼奖”，然而，这看似荒诞的背后，却体现了法律的至高无上！

案例 2 海信商标被抢注事件则告诉我们，要学会运用法律武器保护自己。在此次事件中，海信集团虽然及时应对，从准备谈判到积极应诉，再到庭外和解，最终取回了属于自己的商标权，但如果能做到“产品未到，商标先行”，在产品还没有推向国外前，就先行在国外申请注册商标予以保护，就没有后面这些事情的发生了。当中国企业从地方走向全国，从国内走向世界时，需要学会运用法律武器保护自己的合法权益。

三星手机原本占据了智能手机市场的一大块份额，很多年轻人以拥有三星手机的最新款而自豪，其市场占有率、在年轻人中的知名度丝毫不亚于苹果手机。然而，三星 Note7 手机的爆炸事件则让三星公司因此走向了下坡路。三星公司不仅因拳头产品 Note7 手机的“滑铁卢”而官司缠身，未来可能还将为此作出巨额赔偿。在全球化时代，任何丧失公信力、违反法律的举动，最终都会让企业付出沉重的代价。

以上三个案例给了我们很多启示：

第一，法律高于一切。

法律高于一切——高于公众利益，高于国家利益，高于任何个人。当然，法律在高于一切的同时，也在保护每一个公民。法律在保护每一个人的同时，保护了所有人，最终也保护了法律自身。一个国家、一个社会，必须树立绝对服从法律秩序的理念，这也是现代社会最基本的要求。

第二，法律的权威不容置疑。“法律必须被信仰，否则它将形同虚设。”这是美国著名法学家伯尔曼曾经说过的。法律是公平、正义、道德和伦理的化身，国不可一日无法，家不可一日无规，校不可以一日无纪。法律的权威保障了所有人的合法权益，真正实现有法必依、执法必严、违法必究。

第三，我们应该学法、懂法、守法，运用法律的武器保护自己。

学法可以让我们拥有自我保护的意识，懂法方能守法时有章可循，守法才能最大程度地保护自己。掌握基本的法律知识，增强法律观念，依法行使权利，保护自身的合法权益，维护法律的尊严。■

互动环节：

史特拉太太状告麦当劳，你认为她的理由是什么：

A．她想趁机勒索麦当劳。

B．她觉得是麦当劳造成了自己的痛苦。

C．麦当劳态度傲慢，不愿赔偿。

D．麦当劳不但拒不承认自己的错误，而且还不加以改善，让更多的人受伤。■

名人名言

韩非子

家有常业，虽饥不饿；国有常法，虽危不乱。

（古希腊）柏拉图

法律的基本意图是让公民尽可能地幸福。

（法国）孟德斯鸠

法律，在它支配着地球上所有人民的场合，就是人类的理性。

9

做一个讲职业道德的人

学习提要

- 理解职业道德可以弥补自身能力不足；
- 掌握职业道德与工匠精神；
- 理解工匠精神与工匠文化；
- 做一个具有工匠精神与职业道德的从业者。

导入案例

案例1：老锁匠收徒弟

老锁匠一生修锁无数。他技艺高超，收费合理，深受人们的敬重。更主要的是，老锁匠为人正直，每修一把锁他都会告诉别人他的姓名和地址，他说："如果你家发生了盗窃，只要是用钥匙打开的家门，你就来找我！"

老锁匠渐渐老了，为了不让他的技艺失传，人们帮他物色徒弟。最后老锁匠挑中了两个年轻人。两个年轻人都挺聪明、机灵，也学会了不少东西。但两个人中只有一个人能得到老锁匠的真传。老锁匠决定对他们进行一次特殊的考试。

这天，老锁匠把两个年轻人叫来，对他们说："我准备对你们进行一次特殊的考试。在两个房间里分别有一个保险柜。你们俩同时各进去一个房间。谁先打开保险柜，谁就是胜出者。胜出的人能够成为我的关门弟子，我会将我毕生的技艺悉数传授给他。你们有信心吗？""有信心！"两个年轻人异口同声地回答。看着面前这两个信心满满、跃跃欲试的年轻人，老锁匠笑眯眯地点了点头。

比试开始了，许多热心的邻居纷纷前来观战。大家屏气凝神，大气也不敢出，静静地围在房间门口，等待着胜利者的出现。很快，大徒弟就出现在房间门口，脸上带着志在必得的胜利的微笑。众人忍不住纷纷赞叹："才用了不到十分钟就打开了，真厉害！""看来大徒弟必胜无疑了！真不愧是老锁匠的徒弟啊！"老锁匠让大家稍安勿躁，耐心地等待二徒弟出来。

又过了足足半个小时，二徒弟才擦着额头上的汗水从房间里走出来。围观的人们悄悄议论起来："大徒弟只用了不到十分钟的时间就打开了保险柜，二徒弟却用了半个多小时，

看来胜负已经很明显了。”就在众人都以为大徒弟必胜无疑的时候，只听老锁匠问大徒弟：“开保险柜的时候，你看到保险柜里有什么？”大徒弟眼中放出了光亮：“师傅，里面有很多钱，全是崭新的百元大钞。”老锁匠又问二徒弟同样的问题，二徒弟支吾了半天，红着脸说道：“师傅，我光顾着开锁了，费了老大的劲，好不容易才打开了保险柜。我……我没注意看保险柜里有什么。”

老锁匠十分高兴，他对众人郑重地宣布：二徒弟为他的接班人。大徒弟一脸不服气，众人也觉得疑惑不解。老锁匠微微一笑，说道：“不管干什么行业都要讲一个‘信’字，尤其是我们这一行，要有更高的职业道德。我收徒弟是要把他培养成一个高超的锁匠，他必须做到心中有锁而无其他，对钱财视而不见。否则稍有贪心，登门入室或打开保险柜取钱对一个锁匠来说是易如反掌的事，最终只能害人害已。我们修锁的人，每个人心上都要有一把不能打开的锁。”

案例 2：《我在故宫修文物》

2016 年 1 月，一部纪录片《我在故宫修文物》在央视首播，一个多月后，它在弹幕视频网站上迅速走红，网络点击量超过 100 万。这部题材小众、冷门的纪录片竟然俘获了无数网友和观众的心，评分甚至超过了《太阳的后裔》等热门影视剧，一时风头无两。

这是一部介绍故宫文物修复工作者日常工作和生活的纪录片，片子的主角正是故宫文保科技部的修复专家们。这是一群“普通人”，他们一辈子与古董文物打交道，在纪录片里，我们可以看到“文物医生”们辛勤劳作的身影：年轻的木器修复师屈峰正在雕刻着佛头，精瘦的钟表修复师王津小心地调试着“乡村音乐水法钟”上的小鸡翅膀，闵俊嵘在制作生漆，王有亮在给青铜复制品调颜色……

木器室现任科长屈峰属于修复专家中相对年轻的一位，他 2006 年从中央美院雕塑系硕士毕业后进入故宫。刚进来那会儿，他的工作就是慢慢跟着师傅学习技艺，给师傅打下手，做一些复制品。“说实话落差很大，我费了老大劲才考上中央美院，我们专业那年就招了 8 个人，怎么我在这里干的似乎就是普通木匠的活儿？”他说。

到了 2008 年，他领到任务：修复清代文渊阁十二围屏。屈峰领到了一块方形的小雕龙板，另一位老师傅负责补全一块圆形的大团龙雕龙板。屈峰想，自己科班出身，一小块透雕单体龙没什么难的。他一边雕还一边“自我陶醉”。等雕到八成的时候，他去看了眼老师傅雕的团龙，发现不太对。老师傅雕的龙非常生动，而自己雕的看着就很刻板。屈峰现在才明白了师傅常挂在嘴边的一句口头禅：“慢慢来。”他想告诉那些来故宫面试的年轻人，“修复文物”不是简单的修东西，关键是能不能长时间地耐得住寂寞。

在屈峰刚进故宫的头几年，他的许多同学已经“混得不错了”，有的搞大型城市雕塑，挣到很多钱；有的成了屈峰过去一直想做的“艺术家”，在当代艺术领域小有名气。但年月增长，故宫里那些“不挣钱”的、脱离了现代生活的事，却渐渐融入到屈峰的气质里，让他无法割舍。

屈峰的爱好之一是雕佛头。他一边拿着刻刀雕佛头，一边说：“中国古人讲究格物，就是以自身来观物，又以物来观自己，所以我说古代故宫里的这些东西是有生命的。人在制物的过程中，总是要把自己想办法融到里头去。人到这个世上走了一趟，都想在世界上留点啥，觉得这样才有价值。很多人都认为，文物修复工作者是因为把文物修好了，所以他才有价值。其实不止这么简单，他在修复文物的过程中，跟文物的交流，对文物的体悟，已经把自己也融入到文物里了。”

案例3：吕洞宾学法术的故事

有一次，吕洞宾跟着师父汉钟离外出云游，路过一座大山，山势很陡。汉钟离走在前面，步履轻盈，如履平地；吕洞宾肩背一个几十斤重的大包裹跟在后面，气喘吁吁，额头上豆大的汗珠不住往下掉。

吕洞宾肩上的大包裹，是师父汉钟离三年前交给他的，包了一层又一层，沉甸甸的，也不知道到底是什么东西。师父从来没对吕洞宾说过什么，他也不多问，但不管走到哪里，师父都让他背着这包裹。虽然吕洞宾的肩膀早就红肿磨破了，但他一直没吭声，咬牙坚持着。

汉钟离上到山顶后，便回过头来，只见吕洞宾还在半山腰里艰难地往上爬。他看到徒弟如此坚毅，心中十分欢喜，就在路旁的一棵大树下坐下，边歇息边等他。

一会儿，吕洞宾终于登上山顶。汉钟离笑盈盈地招呼他："烈日当空，过来树阴下歇息一会儿再走吧。"

吕洞宾听师父这么一说，便蹲下身来，想卸下包裹。不料，一个不稳，包裹竟咕噜噜滚下了山坡。他唯恐摔坏了师父的宝物，便急忙追了下去，待赶下山坡一看，包裹已经被山石树茬划破，里面的东西也露了出来。

吕洞宾看了大吃一惊，包裹里根本没有什么稀罕玩意儿，只有一块大石头。他呆立在当场，想了一会儿，没想通师父的用意，只好重新把石头包好，又一次背上了山顶。

汉钟离站在山顶，早把这一切看了个一清二楚。等到吕洞宾把石头又一次背上山顶后，他便指着包裹说："你把它打开吧。"

吕洞宾解开包裹，重新露出了石头。

汉钟离笑呵呵地说："你一定想知道为师为什么让你背这块石头吧？一来这能磨炼你的意志，二来这块石头也能被点化成金。我现在就点石成金，也不枉你背它三年。"

说完，用手指着那块大石头，说了一声"变"，只见石头立即变成了一大块金光灿灿的黄金。

吕洞宾看得出了神，不由得赞叹道："师父的法术实在高超啊。"

汉钟离问："我将这法术传授给你，如何？"

吕洞宾沉吟了一会儿，问道："施法以后，石头真的永远变成黄金了吗？"

汉钟离回答："法术变出来的黄金并不是真金，真金始终如一，永远不会变。而法术变出来的黄金只能保持500年，时间一到仍然会变回石头的。"

吕洞宾听他这么一说，便拒绝学习点石成金术。

汉钟离不解地问：“为何不学？”

吕洞宾说：“这样的法术，兴利于 500 年前，贻害于 500 年后，岂不误了 500 年后的人？”

汉钟离听了不禁叹道：“你的道念比我高出很多啊，将来你的正果必将在我之上！”■

案例解码：

关于职业道德和职业素养

假如你是老锁匠，你会选大徒弟还是二徒弟当自己的接班人呢？

一般人恐怕都会觉得，大徒弟开锁，开得又快又好，大徒弟的技术好，当然要选大徒弟。但最终老锁匠却选择了开锁技术没那么好的二徒弟。为什么？正如老锁匠所说，职业道德是比技术、技能更为重要的，是我们在职业生活中应该遵循的基本道德。我们每个人心中，都要有一把永远不能打开的“锁”。这是案例 1“老锁匠收徒弟”给我们的启示。

看了纪录片《我在故宫修文物》，相信你一定也会被片中的主人公们深深打动。这是一群具有匠人精神的人，他们用精湛的技艺修复文物，被称作“文物的医生”。这是一份需要倾注耐心、毅力和挚爱，才能从事一生的职业。每一个人都将会有一个职业，其实职业中都会有细碎的地方。这些文物专家教会了我们如何与职业相处，如何与世界相处，如何与自己相处。

如果用我们今天的眼光来看，很多人肯定会说：吕洞宾真是个大傻瓜！背着个大石头整整三年，当师傅要教他点金术时，他居然拒绝了，因为这点金术变出的黄金，并不是真正的黄金，500 年后仍然会变成石头。一个人贵在有所为有所不为，当人们为了眼前的利益不顾一切时，吕洞宾却拒绝捷径，选择踏踏实实地走自己的路。

以上三个案例可以给我们带来哪些启示呢？

第一，职业道德可以弥补自身能力不足。

在职场中，一个人的专业技术能力固然重要，但职业道德显然是比能力更为重要的。职业道德可以弥补自身能力所带来的不足。一个人如果专业技术能力很强，但在职业操守和道德上有不足，很容易因为一念之差而走上万劫不复之路。反过来，一个人即使专业能力稍差，但具有较强的职业道德和操守，在工作中兢兢业业、努力钻研，“勤能补拙”，反而更容易走向成功。

第二，工匠精神永不落伍。

所谓“匠心”，无论是何种工作，说到底都是“手艺”，都需要于细微处下功夫。在当今这个时常贪多图快、喜欢追求速度与效率的时代，这种不惜时间与精力，一定要把工作做好、做专、做到极致的“工匠精神”，尤为难得。

第三，做一名兼具职业道德与工匠精神的职场人。

《一生成就看职商》的作者吴甘霖回首自己从职场惨败到走上成功之道的过程，再总结比尔·盖茨、李嘉诚、牛根生等著名人物的成功历史，得到了一个宝贵的理念：一个人在职场中能否成功取决于“职商”，而“职商”中最重要的素养就是职业道德与工匠精神。工作中需要知识，更需要智慧，而最终起关键作用的则是职业素养。缺少职业道德与工匠精神，一个人将一生庸庸碌碌，与成功无缘。■

互动环节

测测你的职业素养

你去一家大公司面试，负责人事的人忙着手头的文件，叫你先坐下。可你发现办公室里并没有多余的椅子，这时你会怎么办?

(1) 规规矩矩地站在一旁，一直等到面试者办完事再说。

(2) 很有礼貌地对面试者说：“对不起，先生，这儿并没有椅子。”

(3) “可是这里并没有椅子啊？”勇敢地把话直截了当说出来。

(4) 直接走出办公室，去找一把椅子进来。

答案：

选（1）：工作当中你有很好的适应性，不做惊人的言论，领导能力较差，适合计算、看管等机械性的工作。

选（2）：你的反应方法和一般人不一样，你虽然认真地把对方要求的不合理之处指出来，但是你同时也考虑到对方（上司）的立场，属于开拓型领导人才。

选（3）：你适合做业务员和推销员，有积极的推销才能，性格坚韧，勇于向目标挑战。

选（4）：你反应非常特殊，你的言语行为是走在时代最前端的，你的猜测力很强，但比常人爱多管闲事。

怎么样，你是哪一种呢？■

名人名言

（法国）巴尔扎克

行业尽管不同，天才的品德并无分别。

（英国）李约瑟

对科学家来说，不可逾越的原则是为人类文明而工作。

（法国）居里夫人

我知道生命很短促而且很脆弱，知道它不能留下什么，知道别人的看法不同，而且不能保证我的努力一定会发现真理，但是我仍旧如此做。在这个世界上没有成功和失败的职业，只有成功和失败的人。只有工作着，才是美丽的。

职场作为篇

10

职场有作为，才会有地位

学习提要

- 理解什么是职场作为；
- 理解职场作为公式：职场作为 = 完成任务 x120%。

导入案例：

案例 1：画出 36 个手电筒考进美院的设计师

1993 年，一个叫贾伟的 17 岁孩子走出宁夏，第一次来到北京。他想报考当时的中央工艺美院，也就是现在的清华美院。从小学习国画的他在北京参加了一个考前培训班，是那种 300 多名学生坐在一个大教室里上课的大班。

课上，老师出了一道题：画 6 种不同式样的手电筒。贾伟心想：我就只见过一种手电筒，就是那种最老式的铁皮手电筒。要画 6 种不同的手电筒？这可怎么画？老师千万别叫到我啊！没想到，老师竟然点了贾伟的名，让他到黑板前来画。贾伟硬着头皮来到黑板前，他绞尽脑汁，吭哧吭哧半天，还是只画出了自己见过并使用过的唯一一种——就是我们最常见的那种铁皮手电筒。当老师得知他来自宁夏银川时，在众目睽睽之下说了一句让贾伟终身难忘的话："我见过山里来的、村里来的，就是没见过沙漠里来的。你回去吧，你还想考美院呢，你一辈子都考不上。"

贾伟听到老师这么说，羞愧难当，含泪走出了课堂。他再也不敢上这位老师的课了。但他并没有放弃。他心想：不管我能不能考上美院，我都要试一试。我画不出 6 种手电筒，我就去看。他花了 15 天的时间，跑遍了北京的各大商场，从燕莎到北京百货，他看了各式各样的手电筒，并且把它们都画了下来。他疯狂地画手电筒，各种各样的手电筒。

让人意想不到的是，参加高考的专业课考试时，贾伟拿起卷子一看，考题是：画六个不同的手电筒。

贾伟拿起笔，唰唰唰地画了 36 个各种各样不同的手电筒。监考老师把附近所有的老师叫过来，指着贾伟的画说："这是个天才！"他考进了全国前 40 名，成为他们家乡第一个通过专业课考试的学生。

如今的贾伟，已经成为了一位著名的工业设计师。或许你听过那个神奇的 55 度杯子，无论什么温度的水，用这个杯子摇晃几下，水就能变成 55 度。这个神奇的杯子就是贾伟团队的设计作品。他所带领的洛可可工业设计团队 7 年间共荣获 7 项德国红点产品设计大奖。如果没有当年对画手电筒的执着，或许我们就失去了一位优秀的设计师。

贾伟说："不管你是山里来的、村里来的，还是沙漠里来的，我们的世界本来就是一张白纸。正因为如此，我们才要创造我们的世界。我认为这个世界是公平的，只要你有一颗对未来充满想象力的心，人人都是设计师。"■

案例 2：驴的哲学

一天，一头驴子不小心掉入了一口枯井，动弹不得。农夫绞尽脑汁，但是还是没有办法救出驴子。

好几个小时过去了，农夫决定放弃驴子，他想反正这头驴子年纪也大了。不过，这口井得填起来，不然驴子还要哀号很久，而且以后可能还有别的人或动物会掉进去。埋了驴子，也可以免除它的痛苦。

于是，农夫请来左邻右舍一起埋驴子。大家人手一把铲子，开始将泥土铲进枯井中。刚开始，这头驴子似乎明白自己的处境，哀号得更厉害了。但没想到的是，不多久，驴子就安静下来了。人们惊奇地发现：原来驴子找到了救命的方法！起先，泥土落在驴背上时，驴子条件反射地将泥土抖落。然而不久之后，泥土就在井底堆积起来，甚至能让驴子站稳了！

慢慢地，驴子知道不断地将身上的泥土全部抖落，然后再站上去了。要命的泥土，变成了救命的泥土！

泥土堆着堆着，终于到了一定的高度。

驴子得意地上升到井口，在众人惊讶的表情中快步跑开了。

案例 3：汤姆和约翰的故事

汤姆和约翰是两个同年龄的年轻人，他们同时受雇于一家零售店，并拿同样的薪水。可是工作了一段时间后，约翰的职位不断提升，而汤姆却一直在原地踏步。汤姆很不满意老板的不公正待遇。

终于这天，老板又因为一件小事表扬了约翰，这让汤姆心里很不是滋味。他鼓起勇气去找老板，对老板说："我和约翰同时进店工作，您为什么偏偏只器重约翰，不断提拔他，却从来看不到我的努力？我每天勤勤恳恳地工作，从来没有迟到早退过，对上司交代的任务总是按时按量地完成，可为什么我的薪水一点也没有增加，职位也依然是公司的普通职员呢？"

老板听了这话，并没有急着回答汤姆。他微微笑道："这样吧，我交给你一个任务。今天正好有集市，你去集市上看看，今天早上都有些什么货。"

汤姆去得很快，过了大约不到半小时，就从集市上赶回来了。他敲开老板的办公室，对老板汇报说："今天集市上只有一个农民拉了一车土豆在卖，别的就没什么特别的了。""那农民的土豆有多少？"老板问道。汤姆的脸一下子红了，他尴尬地说道："我……我急着回来跟您汇报，忘记问他了。我这就去问问清楚。"说完，汤姆赶紧又跑到集市上去。不大一会儿工夫，汤姆急匆匆地从集市上赶回来，由于赶路赶得着急，汤姆满头大汗。他顾不上擦额头上的汗珠，直接就去了老板的办公室："报告老板，那个农民的土豆一共有 40 斤。我亲眼看着他称了重量的。""那价格呢？多少钱一斤？"跟汤姆的心急火燎相比，老板倒显得不疾不徐，缓缓地提出了第二个问题。汤姆这下更着急了，他挠了挠头，支支吾吾地说道："我……我光顾着看他称重量了，没有问价格。要不我再去一趟集市。"说完汤姆自己也不好意思地笑了。

汤姆第三次来到了集市。这回他问清楚了价格，回去汇报给老板。老板轻轻地叩了叩桌面，对他说："汤姆，你辛苦了。来，你喝点茶，休息一下。我给约翰也布置一个跟你一样的任务，我们一起来看看约翰会怎么做。"

老板给约翰布置了同样的任务。约翰领命而去。约翰去的时间有点长，约摸过了一个多小时，他才回来。他向老板汇报说："集市上到现在为止只有一个农民在卖土豆，他的土豆一共有 40 斤，每斤的价格是 0.75 元，质量很不错。我给您带回来一个土豆，您看看。"说着他从随身的袋子里拿出了一个土豆来。他还告诉老板，"昨天那个农民铺子里的西红柿卖得很快，咱们店里的库存已经不多了。我想这么便宜的西红柿，咱们的利润空间很大，您肯定想再购进一些，所以我不仅带回了一个西红柿做样品，而且把那个卖西红柿的农民也带来了，现在他正在外面等回话呢。您要不要叫他进来问问情况？”

这时，老板看着一旁面红耳赤的汤姆，微笑着说：“汤姆，这下你没有疑问了吧？”■

案例解码：

如何找到通往成功的机会之门

也许你会觉得贾伟很幸运，但要知道，当时与贾伟一起上课的同学有300多名，他们也都在课堂上，全都听到过这道题目。但能画出36种不同手电筒的，却只有贾伟一个人。他的故事告诉我们，人拥有无限的可能，但只有坚持不懈地努力，激发出自己无限的潜力，当机遇来临时，你才有可能抓住它。有的人，你说我不行，那么我就不行。有的人，你说我不行，我偏要证明我行。这种证明，不是口头上的反驳，不是言语上的冲突，而是背后的努力与坚持。

坚持，坚持，再坚持！你会发现，结果完全不同！——这是案例《驴的哲学》教会我们的。深陷枯井动弹不得，还被不断掉落的泥土倾倒在身上，即将没顶，还有比这种境遇更糟的吗？但驴子只是刚开始哀号了几声，很快就发现了摆脱困境的方法：那就是坚持！不断地抖落身上的泥土，踩在脚下。“要命”的泥土最终变成了“救命”的泥土。

如果你是汤姆和约翰的老板，你更喜欢哪一个职员呢？毫无疑问，约翰才是更好的员工。我们在为他人工作的同时，也在为自己工作。企业更需要的是积极主动、充满热情、灵活自信的人。一个合格的员工不应该被动地等待别人告诉你应该做什么，而是主动去了解自

10 职场有作为，才会有地位

己要做什么，并认真地规划它们，全力以赴地去完成。

以上三个案例给我们带来了诸多启示：

第一，要想职场有地位，首先得有作为，要有进取心。

在职场，有作为才会有地位，个人的主动进取精神很重要。有这样一个公式：职场作为＝完成任务 ×120%。什么意思？就是在完成领导交代的任务的同时，发挥自己的主观能动性，把事情做得更好。著名的投资专家约翰坦普尔顿通过大量的观察研究，得出一条很重要的结论："多一盎司定律"，他指出，取得突出成就的人与取得中等成就的人几乎做了同样多的工作，他们所做出的努力差别很小——只是"多一盎司"。一盎司只相当于十六分之一磅，但就是这一微小区别，却会让你的工作大不一样！

"多一盎司"所需要的就是那一点点的责任心、一点点的进取心和一点点的坚持！

第二，在琐碎的工作中坚持、坚持、再坚持！

大部分人不能清晰地意识到，自己手头的平凡工作就是一座宝贵的钻石矿，只要好好挖掘——全力以赴、尽职尽责地做好目前的工作，就能找到属于自己的合适的位置。其实每一份工作都是一座宝贵的钻石矿，是金子总会发光的。一定要努力专注于手中的具体工作，哪怕是非常平凡的琐碎工作。如果不是坚持，贾伟怎么能画出 36 种不同的手电筒？如果不是坚持，驴子早就在枯井中一命呜呼了。在工作中，不管任何事，都有可能是一个新的开始、一段新的经验、一扇通往成功的机会之门。■

互动环节

趣味小测试：你的世界将会发展成什么样?

你希望能够在大森林公园，看到什么样的建筑物?

A．童话式的糖果屋

B．充满禅风的木屋

C．有牛有羊的牧场

D．人文气息的庙宇

E．豪华独栋的别墅

答案：

选 A：你未必不切实际，但有时会有逃脱现实的渴望，与其说你期待在事业上有所成就，不如说你更希望有一个人能成全你、了解你。

选 B：你对物质的享受其实并不那么留恋，物质不过是你实现心灵成长的工具罢了！你在事业上对自己会有“做什么都要有目标”的期许。

选 C：你是一个能够同时兼顾事业理想与家庭幸福的人。对你而言，事业与家庭有一项不圆满，都是莫大的缺憾。

选 D：你的事业将不会循着前人定好的规则走，你的内在风格独特，在事业上将有一番不同于社会现状的作为。

选 E：你对事业有一番期许，理想高远，希望自己能达到一定的社会地位，另外你也希望自己的经济能力能够同样高人一等。

名人名言

荀子

骐骥一跃，不能十步；驽马十驾，功在不舍；锲而舍之，朽木不折；锲而不舍，金石可镂。

韩愈

业精于勤，荒于嬉。

（苏联）列宁

要成就一件大事业，必须从小事做起。

11

自信是职场成功之母

学习提要

- 理解为什么要有职场自信，如何在职业生活和社会中保持自信；
- 区分职场自信与职场任性；
- 学会在职场自信的前提下处理工作中的不足。

导入案例

案例1：无价的石头

从前有一个孤儿，生活无依无靠，既没田地可以耕种，也没有钱可用来经商。因此，他十分迷惘，整天过着流浪与乞讨的日子，没有人看得起他。

有一天，他觉得再也不能这样生活下去了，便去拜见一位高僧，向他求教。

高僧把他带到一处杂草丛生的乱石旁，指着一块石头说：“明天早晨，你把它拿到集市上卖。但要记住，无论多少人出多少钱要买这块石头，你都不要卖。”

孤儿满腹狐疑，心想：这块石头虽然不错，但怎么会有人肯花钱买呢?

他抱着石头来到集市，在一个不起眼的地方蹲下来叫卖石头。第一天过去了，第二天又过去了，根本无人问津。直到第三天，才有人来询问。第四天，真的有人想要买这块石头了。第五天，那块石头已经能卖到一个很好的价钱了。

孤儿回到寺庙里，兴奋地向高僧报告：“想不到一块石头值那么多钱。”

高僧笑笑说：“明天你拿到黄金市场去，记住，无论人家出多少钱都不能卖。”

孤儿又把石头拿到黄金市场去，一天、两天很快过去了。第三天，又有人围过来问。几天以后，问价的人越来越多，价格也已被抬得高出了黄金的价格，而孤儿依然不卖。越是这样，人们的好奇心就越大，石头的价格也就被抬得越高。

孤儿又去找高僧，高僧说：“你再把石头拿到珠宝市场去卖，记住，无论别人出多少钱你都不能卖。”

孤儿把石头拿到珠宝市场，又出现了同样的情况，到了最后，石头的价格已被炒得比珠宝的价格还要高了。由于孤儿无论如何都不卖，这块石头被传扬为“稀世珍宝”。

对此，孤儿大惑不解，去请教高僧。高僧缓缓说道：“世上人与物皆如此，如果你认定自己是块陋石，那么你可能永远只是一块陋石；如果你坚信自己是一块无价的宝石，那么你就是无价的宝石。”■

案例2：小泽征尔胜于自信

1959年，小泽征尔参加了贝桑松世界指挥大赛，这次比赛音乐高手云集，经过艰苦的努力，他终于进入了决赛。在进行前三名的最终决赛时，他被安排在最后一个出场。

另外两名选手比完了，该小泽征尔上场了。他信心满满地走上指挥台，指挥棒跳跃起来。他按照评委会给他的乐谱指挥演奏，乐手们奏出了动听的音符。正当他沉醉于音乐之中时，耳畔突然传来了一个不和谐的音符。

小泽征尔立即停下来，指挥乐队重新演奏了一遍。可还是不对。每次演奏到这里，流畅的乐符中总有一个不和谐的音色出现。现场的气氛微微有点尴尬，坐在乐池里的乐手们窃窃私语起来。小泽征尔的心怦怦直跳。难道是乐谱不对？他努力让自己冷静下来，又仔细读了一遍乐谱。没错！是乐谱有问题。

小泽征尔向评委团举手示意。待评委们同意后，他说出了自己的发现：“乐谱这一小节有问题，这里的停顿时间不够。”可在场的作曲家和评委团的权威人士都坚持说乐谱没有问题。“难道是我看错了？”面对这些世界顶级音乐家们笃定的表情，小泽征尔忍不住心里打鼓。他又认真地研读了一遍乐谱。“不，我没看错！是乐谱有问题！”小泽征尔思考再三，斩钉截铁地说道。他的话音刚落，评委席上的评委们立即站起来，报以热烈的掌声，祝贺他大赛夺魁。

原来，这是评委们精心设计的“圈套”，以此来检验指挥家在发现乐谱错误并遭到权威人士“否定”的情况下，能否坚持自己的正确主张。前两名参加决赛的指挥家虽然也发现了乐谱中的错误，但终因随声附和权威们的意见而被淘汰。小泽征尔因充满自信而摘取了世界指挥家大赛的桂冠。■

案例3：市政大厅的一根柱子

克里斯托•莱伊恩是英国一位年轻的建筑设计师。

一天，他很幸运地被邀请参加了温泽市政府大厅的设计。他运用工程力学的知识，根据自己的经验，很巧妙地设计了只用一根柱子支撑大厅天花板的方案。一年后，市政大厅建成了，市政府请权威人士进行工程验收。验收时，当权威人士看到整个大厅只有一根支柱时，忍不住发出了惊叹声：“天哪！居然只有一根柱子支撑着天花板。这太不可思议了！从安全角度考虑，我们认为这不合理，不应该通过验收，除非修改你的设计。”

年轻的莱伊恩十分自信，他走上前去，不慌不忙地解释道：“尊敬的先生们，我对我的专业十分自信。只用一根柱子便足以支撑起整个大厅，并能保证大厅的稳固。瞧，天花板在这根柱子的支撑下，纹丝不动。”说完，为了增加可信程度，他详细地通过计算和列举相关实例加以说明，想说服那些验收的权威人士。

但固执的权威人士根本不听年轻设计师的解释，他的演示和计算在固执的权威人士面前更像是示威。验收组专家们说道：“你如果不增加几根柱子支撑大厅的话，我们将判定你的设计方案不合格。年轻人，你将为你愚蠢的行为付出沉重代价！”莱伊恩还因此险些被送上法庭。在万不得已的情况下，他只好在大厅四周增加了四根柱子。不过，这四根柱子全部都没有接触到天花板，而是和天花板相距了无法察觉的两毫米。不到天花板上仔细查看的话，根本看不出来。

时光如梭，岁月更迭，一晃就是300多年，这个秘密始终没有被人发现。300年的时间里，市政府的官员换了一批又一批，而市政大厅依然坚固如初。直到前两年，市政府准备修缮天花板时，才发现了莱伊恩当年的“弄虚作假”。消息传出，世界各国的建筑师和游客纷纷慕名前来观赏这几根神奇的柱子，并把这个市政大厅称作“嘲笑无知的建筑”。最为人们称奇的，是这位建筑师当年刻在大厅中央圆柱顶端的一行字：自信和真理只需要一根支柱。

克里斯托•莱伊恩，这位300年前的设计师的名字对我们来说很陌生。今天，能够找到的有关他的资料实在微乎其微，但在仅存的一点资料中，记录了他当时说过的一句话：“我相信，至少 100 年后，当你们面对这根柱子时，只能哑口无言，甚至张口结舌。我要说明的是，你们看到的不是什么奇迹，而是我对自信的一点坚持。”■

案例解码

有能力才能有自信

你是一块陋石还是无价之宝？案例 1《无价的石头》告诉我们：人的价值是由自己决定的。你可以是黄金，可以是珠宝，也可以只是一块简陋的石头。正如文中高僧所说：“如果你认定自己是块陋石，那么你可能永远只是一块陋石；如果你坚信自己是一块无价之宝，那么你就是无价之宝。” 这一切，完全取决于你自己的选择，而这个选择的结果，恰恰取决于你的自信程度。

假如你是小泽征尔，是否会像他一样，勇于坚持自己的判断，进而质疑评委和专家呢？扪心自问，怕是没有多少人能够跟他一样勇敢而自信吧！在案例 2《小泽征尔胜于自信》的故事中，也正是因为小泽征尔这种勇敢坚持自己、不盲从权威的可贵自信，才最终让他在决赛中脱颖而出，得到了专家们的一致认可。

看了案例 3《市政大厅的一根柱子》，你一定会觉得那个年轻的设计师很了不起吧！他面对重重压力，敢于坚守自己的信心，即使被迫在大厅里加了几根柱子，也只是掩人耳目而已。他的这份坚持，源于对自己设计方案的自信。正如他所说：“你们看到的不是什么奇迹，而是我对自信的一点坚持。”生活中，总有人对我们的所作所为指手画脚，甚至否定，但我们并不能因此而怀疑自己。

以上三则案例，发人深省。

第一，自信是成功之母。

古今中外的成功人士都有一个共同的特点，即自信。是自信激励着他们走向成功。每一个人都不是十全十美的，都有长处和短处，都具备某一方面获得成功的条件。自信可以帮助我们发现自己的长处，从而产生积极进取的成就动机。世界闻名的大科学家爱因斯坦小时候那个“第三只小板凳”的故事相信大家都很熟悉了，充满自信正是爱因斯坦日后成为伟大科学家的基本要素之一。

第二，如何保持自信？自信源于对自身技能的充分相信。

自信是建立在正确认识自己的基础上的，在恰当地评价自己的知识、能力、品德、性格等内在因素的前提下，相信自己有可取之处。《中庸》里有这样一段话：“博学之，审问之，慎思之，明辨之，笃行之。”经过自己的独立思考，对自己有一个相对正确的认识，就不容易被别人的看法左右判断。

第三，职场自信不等于任性，要及时采纳别人的意见和建议。

自信不同于任性，坚持自己的信心不等于不听取别人的正确看法。放下金钱、荣誉和外界的评价，勇敢面对真实的自己，善于倾听，取长补短，在挫折中总结积极的经验，方能把小收获变为大自信，从而游刃有余地工作和生活。■

互动环节

你觉得克里斯托·莱伊恩为什么在市政大厅里加了四根没有接触到天花板的柱子？

A. 为了好看。

B. 他想给那些仗势欺人的权威人士点教训。

C. 设计失误。

D. 他不愿更改自己的设计方案，坚信自己的设计没有问题。迫于无奈，只好加了四根“假”柱子。■

名人名言

李白

天生我材必有用，千金散尽还复来。

（英国）萧伯纳

有信心的人，可以化渺小为伟大，化平庸为神奇。

（英国）培根

深窥自己的心，而后发觉一切的奇迹在你自己。

12
打造核心竞争力

学习提要

- 理解职场竞争无处不在，学会如何参与职场竞争；
- 理解竞争与协作的关系；
- 明白如何打造自己的核心职场竞争力，如何利用自己的优势参与竞争；
- 懂得如何树立错位职场竞争意识。

导入案例

案例1：宝洁："一品多牌"打造企业核心竞争力

美国宝洁公司是一家消费日用品生产商，经营的多个产品畅销许多国家和地区，包括洗发、护发、护肤用品、婴儿护理产品、妇女卫生用品、医药、食品、饮料、家居护理及个人清洁用品等。宝洁公司在中国市场有飘柔、海飞丝、潘婷、玉兰油、护舒宝、碧浪、汰渍、舒肤佳等家喻户晓的品牌。宝洁公司依靠"一品多牌"打造企业核心竞争力，成为世界日用消费品市场的"龙头老大"。

"一品多牌"策略就是多品牌策略，是指一个企业同时经营两个以上互相独立、彼此没有联系的品牌的竞争定位。宝洁的品牌原则是以多品牌占领市场，即某一种类的市场如果还有空间，最好那些"其他品牌"也是宝洁公司的产品。因此，宝洁公司的多品牌策略让它在日用品市场拥有极高的市场占有率。

同一种消费品，由于人们习惯的差异，会呈现多个"卖点"，只有创新不同"特性"

的商品，才有可能满足不同层次顾客的需求，从而尽可能多地占领市场。在实施“一品多牌”的策略时，追求同类产品不同品牌之间的差异，包括功能、包装、宣传等方面，从而形成每个品牌的鲜明“特性”。以洗衣粉为例，宝洁公司利用洗衣粉的各个细分市场，设计了不同的品牌，每种品牌各有不同的“特性”定位。有些人认为洗衣粉最重要的是清洁和漂白力，有些人认为使衣服纤维柔软最重要，还有人想要温和、清新的清洁剂。不同的顾客希望从不同的产品中获得不同的功能。这样，每个品牌都有了自己的发展空间，不但从功能、价格上加以区别，还从心理上加以划分，赋予不同品牌不同的个性。通过这种品牌策略，宝洁公司已占领了美国极大的洗涤剂市场，这是单个品牌无法达到的。

又如大家熟悉的洗发水。在进军中国洗发水市场时，宝洁公司推出了多品牌的洗发水：“海飞丝”的特性在于去头屑——“头屑去无踪，秀发更出众”；“潘婷”的特性在于对头发的营养保健——“瑞士维他命研究院认可，含丰富的维他命原，能由发根渗透至发梢，补充养分，使头发健康、亮泽”，从各个角度突出了“潘婷”的营养型个性；“飘柔”的特性则是使头发光滑柔顺——“含丝质润发精华，洗发护发一次完成，令头发飘逸柔顺”，深化了消费者对“飘柔”飘逸柔顺效果的印象；“沙宣”则定位于调节水分与营养；“润妍”定位于更黑、更有生命力。

现代企业都着意于企业核心竞争力的培养与提升，宝洁公司的“一品多牌”策略，无疑在增强竞争优势方面起到了重要的作用。■

案例 2：成功路上没有偶然

周杰伦，这个有点沉默、家世平平的歌手，用他的音乐席卷了整个华语地区，成为流行乐坛的巨星。他在流行乐坛引领了“中国风”，开拓了流行音乐的新领域。

成功路上没有偶然，周杰伦的成长，也并非是一帆风顺的。

周杰伦从小就对音乐很敏感，听到音乐就会随着节奏兴奋地摇晃。妈妈见他在音乐方面很有天赋，毫不犹豫拿出家里所有的积蓄给他买了一架钢琴，这一年他才四岁。

小时候，周杰伦的学习成绩并不好，父母亲也在他少年时离异。但这些成长中的烦恼并没有让周杰伦受到很大冲击。他回忆说：“12 岁到 16 岁的日子是我最开心的，音乐让我的心灵得到安慰。”高中毕业，没有考上大学的周杰伦在一个餐厅做侍应生。但他并没有放弃音乐，他带着一个随身听，一边工作一边听歌。一次，老板为了提高餐厅档次，决定在大堂放一架钢琴，但找了几个琴师都不满意。周杰伦在空暇时悄悄去试了试，他的琴声震惊了不少同事和前来吃饭的顾客。老板拍着周杰伦的后背说：“这两个小时，你可以不用干活了。”

在餐厅里打工和弹琴让周杰伦慢慢开始有公众演奏的机会，他开始积累起自己的听众。

机遇不会忘记那些执着于梦想的人。1997 年，偶然的机会，当时台湾的一个著名的娱乐节目主持人认识了周杰伦，他发现这个连头也不敢抬的小伙子在谱一曲非常复杂的谱子，而且抄写得工工整整。他意识到这是一个对音乐很认真的人，便问周杰伦：“你有没有兴趣加入我的唱片公司，担任音乐制作助理？”

作为唱片制作助理，在负责唱片公司所有人的盒饭之余，周杰伦在那间 7 平方米的隔音间里开始了自己的创作生涯。半年下来，他写出的歌不少，但由于曲风奇怪，没有一个歌手愿意接受，其中包括拒绝《眼泪不哭》的刘德华和拒绝《双截棍》的张惠妹（当然，两年后他们后悔不已）。公司老板当时有些着急，他决定给这个年轻人一些打击。他让周杰伦来到自己的办公室，当面把乐谱揉成一团，丢进废纸篓里。这是周杰伦在音乐道路上遭受的重大打击。然而，老板第二天早上走进办公室的时候，惊奇地看到这个年轻人的新谱子又放在了桌上。第三天、第四天……每一天办公桌上都有周杰伦的新歌，他彻底被这个沉默木讷的年轻人打动了。

1999 年 12 月的一天，公司老板把周杰伦叫到办公室里说：“如果你可以在 10 天内拿出 50 首新歌，我就从里面挑出 10 首，做成专辑。既然没有人喜欢唱你的歌，你就自己唱吧。”10 天之后，周杰伦安安静静地拿出 50 首歌，于是就有了周杰伦一举成名的专辑《JAY》。从这张专辑开始，周杰伦一发不可收拾。

始终专注于自己的音乐世界的周杰伦，终于获得了巨大的成功。

案例解码

核心竞争力，你的职场成功法宝

真没想到，那么多我们耳熟能详的日用品品牌，居然都归宝洁公司所有。宝洁公司在同一细分市场上同时培育不同的知名品牌，果然大大提高了市场占有率。现代企业都在追求企业核心竞争能力的培养与提升，宝洁公司这种“一品多牌”的策略无疑是最佳途径。它既打击了对手，又保护了自己，增强了竞争的优势。通过“一品多牌”，从功能、价格、包装等各方面划分出多个细分市场，满足了不同层次、不同需求的各类顾客。宝洁公司也因此成为世界日用消费品市场的“龙头老大”。

公司、企业需要核心竞争力，那么我们个人呢，是否也需要个人核心竞争力？答案是肯定的。如果周杰伦不是始终专注于自己的音乐世界，那么当机会来临时，他可不一定能抓住，也许华语乐坛就少了一位天才级的歌手。他读书时尽管成绩不太好，但选择了“音乐班”继续学习音乐；毕业后他暂时在餐厅打工，也没有放弃音乐的梦想，不断努力着；而当唱片制作公司老板故意给他一些打击，把他创作的乐谱当面扔进废纸篓时，他还是没有停止对音乐的执着，继续默默写歌。他的音乐才华，就是他的核心竞争力。始终专注于自己的音乐，坚持音乐创作，才能让周杰伦在竞争激烈的华语乐坛长年屹立不倒，始终引领华语乐坛的潮流。

以上两个案例，教会我们许多。

第一，职场竞争无处不在，正确应对竞争。

竞争是职场永久不息的主题，找不到正确应对竞争的方法和态度，难免会在竞争中害人害己。因此，我们需要正确认识竞争，端正心态，坦然面对工作中比自己强的对手，与之展开良性竞争，将之当成自己积极进取的动力源泉。

第二，努力提高技能，不断完善自己，提高个人核心竞争力。

什么是核心竞争力？即不易被竞争对手效仿、独特的知识和技能，是你独有的本领。职场核心竞争力构成主要有三个方面：一是准确的职业定位，二是综合能力与资源，三是超强的执行力。综合这三大要素打造的核心竞争力，就能增强个人的竞争优势，使自己成为不可取代的那个人。

第三，厚积薄发，正确看待职业生涯。

职业生涯发展也是有一个过程的，如同学习一样，需要循序渐进。一蹴而就是不现实的，急功近利只会葬送自己的前途。通常情况下，在一个职位上工作三年以上，才能较好地掌握本职位所需要的关键能力，包括知识和经验的积累、技能的提高，才能熟悉本行业及本企业的业务流程。在一个企业工作至少三年以上，才能对企业的经营管理现状及其战略、企业文化等问题有较深入的了解，在此基础上，工作起来才会游刃有余、应付自如，人的潜能才会最大限度地释放出来。因此，找到自己的兴趣所在，专注于自己的岗位，不断提升自己的核心竞争力，厚积薄发，这是走向成功的必然条件。

互动环节

你觉得周杰伦能红的原因是什么？

A. 人帅。

B. 歌唱得好。

C. 幸运降临在他头上。

D. 有音乐天赋，并且始终执着于音乐不放弃。

名人名言

（美国）杰克·韦尔奇奇

你可以不学习，但你的竞争对手正在学习！

老子

夫唯不争，故天下莫能与之争。

马云

我自己不愿意聘用一个经常在竞争者之间跳跃的人。

13

学会选择，学会放弃

学习提要

- 理解选择与放弃、得与失的关系；
- 认识到职场没有多少机会给你犹豫；
- 理解什么样的选择决定什么样的职业生活。

扫码进入名师课堂

导入案例

案例 1：犹太人的选择

有 3 个人同时被关进监狱 3 年，监狱长答应满足他们每人一个要求。

美国人爱抽雪茄，要了三箱雪茄。

法国人最浪漫，要一个美丽的女子相伴。

而犹太人说，他要一部与外界沟通的电话。

3 年很快过去了……

出狱那天，第一个冲出来的是美国人，嘴里塞满了雪茄，大喊道：

“给我火，给我火！”原来，他忘了要火了。

接着出来的是法国人。只见他手里抱着一个小孩子，美丽女子手里牵着一个小孩子，肚子里还怀着第三个。

最后出来的是犹太人，他紧紧握住监狱长的手说：“这 3 年来，我每天与外界联系。因此，我的生意不但没有停顿，总资产反而增加了两倍，为了表示感谢，我送你一辆劳斯莱斯！”■

案例 2：生死抉择

一个农民从洪水中救起了他的妻子，他的孩子却被淹死了。事后，人们议论纷纷。有的说他做得对，因为孩子可以再生一个，妻子却不能死而复活。有的说他做错了，因为妻子可以另娶一个，孩子却不能死而复活。

人们都在自我逼问：如果只能救活一人，究竟应该救妻子呢，还是救孩子？于是，有人去拜访那个农民，问他当时是怎么想的。

他答道：“我什么也没想。洪水袭来，妻子在我身边，我抓住她就往附近的山坡游。当我返回时，孩子已经被洪水冲走了。”

所谓人生的抉择，不少便是如此。■

案例3：比尔·盖茨从哈佛大学退学

一天，正在哈佛大学念法律的比尔·盖茨郑重地对父母说："我想退学。我的软件公司需要全力经营。"

"在毕业前你不应该开公司。"当律师的父亲告诫道。

"我们还希望你能继承你父亲的职业。"母亲玛丽·盖茨失望而激动地说，"你即使要开公司，也要在取得学位以后。要知道，哈佛学位，是多少人梦寐以求的啊！"

儿子仍然执拗地说："我已决定了，我要退学办公司。"

玛丽·盖茨求救于朋友萨穆尔·斯托姆先生——他是一位德高望重的市政领导人和慈善家，又是个深谙计算机的商业领袖。在华盛顿，有权威的人物闹起纠纷，也常常请他调解。

"我希望他打消开公司的念头，"母亲恳求地对斯托姆说，"至少要等到毕业后经商。"

在母亲的安排下，比尔·盖茨和斯托姆在西雅图最豪华的雷尼尔俱乐部见面了。

可口的午餐放在面前，斯托姆吃了一口，和蔼地问："你为什么要退学？"

比尔·盖茨滔滔不绝地说开了，他对电脑的嗜好由来已久了。他在中学里写出了第一个电脑程序，引来老师和同学的啧啧称奇。他和同伴艾伦日夜赶工，常常每天只睡一两个小时，为一家公司设计了BASIC程序。在20世纪70年代中期，比尔·盖茨发展的BASIC得到一致赞誉，在整整6年里，它一直在市场上占据主导地位。

"那套BASIC程序，是我编制得最好的一套程序。"比尔·盖茨自豪地说，他充满激情地继续说，"计算机刚刚开始，将来每个人都会拥有一台个人计算机；而这行业，赚钱的远景同样辉煌。或许，将来世界上的机器，都要靠我们公司的软件才能运转。"比尔·盖茨充满激情地说："谁抓住了时机，谁就占有了未来。"

他还强调了退学的理由：个人电脑已经问世，凡是想在个人电脑"舞台"上有所作为的人，面对的都是均等的好机会。但是，看见机会固然重要，要抓住它才有决定意义——这需要勇气和胆量，需要全身心地投入，更需要舍弃，没有舍弃就没有获得。现在面临的是极为有利的创业机会，如果错过，也许一辈子再也碰不上了。

斯托姆欣赏地注视着面前这位满头蓬松金发的小伙子，最后拍了拍比尔·盖茨的肩膀，鼓励地说："好好地干吧！争取干好！"

终于，在父母的激烈反对声中，比尔·盖茨坚决地退学了。

历史已证明，比尔·盖茨抓住了好机遇，创业取得了巨大的成功。1995年7月，《福布斯》杂志发布了"世界十大富豪"排行榜，美国微软公司总裁比尔·盖茨名列榜首，被称为世界有史以来最富有的年轻人。■

案例解码

要学会理智地选择

比尔·盖茨进入世界闻名的哈佛大学，居然选择了退学，你怎么看？

假如比尔·盖茨选择在哈佛大学继续法律学业，他的前景可以预测：顺利毕业，子承父业，青出于蓝而胜于蓝，他会成为一位知名律师；他的生活安稳，事业兴旺，一生就是一条坦途——他的选择没有错。

他选择了退学去从事自己最喜欢的事业，也是他最看好其前景的事业，确实风险很大。如果他看走眼了呢？最终等待他的是失败，哈佛的学业作废，公司倒闭，重新寻找其他的工作，他的生活将会处于一种不确定的状态，等待他的未必就是玫瑰，更多的是一种颠簸和平淡。

假如你是比尔·盖茨，遇到父母激烈反对，会坚持退学吗？

这个案例，给了我们诸多思考。

第一，什么样的选择决定什么样的职业生活。

人的一生，选择比努力更重要！选对伴侣，幸福一生；选对老师，智慧一生；选对朋友，快乐一生；选对环境，舒适一生；选对爱好，丰富一生；选对职业，成就一生。总之，你选择的一切，决定着你成为什么样的人，将来过的是什么样的生活。比尔·盖茨选择了电脑，他的职业生涯就是计算机的研发、计算机的销售和计算机的事业，而和委托人的谈话、出庭和辩护的律师生涯和他从此无关。

第二，我们要学会选择和放弃。

我们在生活中总要碰到选择的时刻，而我们感到最难选择的是：往往要放弃的东西看上去很美，而要选择的往往是前景虚无缥缈，否则选择就不是一个问题。我们作选择的时候，要善于倾听别人的意见，这很重要，当局者迷，旁观者清，别人的意见会使你清醒，会使你的看法更全面。同时，我们要明白，每个人看问题的角度不同，给出的意见也会不同，所以，我们要在众多的声音中保持自己清醒的头脑，最终作决断的时候要倾听自己内心的声音。

第三，要善于放弃应该放弃的。

有所选择就意味着有所放弃。我们身边充满了机遇和诱惑，生活中的选择太多，有一种选择叫放弃。是否放弃？哪些该放弃，哪些不该放弃？如何放弃？这都是我们要细细思量的。放弃应该放弃的，选择应该选择的，也就是刚才说的要倾听自己内心的声音，我们就要善于理智的选择；这种选择不是感情用事，不是跟着感觉走，而是要是学会比较，比较得失利弊，抓住最主要、最重要的几个要素做出选择。比尔·盖茨之所以放弃哈佛大学的学位，选择开公司经营电脑，因为他喜欢电脑，因为他在电脑方面已经有所成就，因为他更看好电脑的未来前景，所以，他才选择了退学。■

互动环节

比尔·盖茨从哈佛大学退学，你认为他的理由是：

A．他感到读法律太枯燥，没有兴趣。

B．他玩计算机入迷了，想好好地玩游戏。

C．他想开公司赚钱。

D．他想抓住机遇自己创业经营计算机公司。■

名人名言

孟子

鱼，我所欲也，熊掌，亦我所欲也。二者不可兼得，舍鱼而取熊掌者也。

（古罗马）普劳图斯

毋庸置疑，失有时比得更有益。

（美国）海明威

只要你不计较得失，人生还有什么不能想办法克服？

14

如何战胜挫折

学习提要

- 理解没有职场危机感就是最大的危机；
- 确立正确的职场危机感；
- 直面职场危机，学会转危为安；
- 知道自己所从事的行业的危机在哪里，思考如何解决这些危机。

导入案例

案例 1：鲶鱼效应

很久以前，挪威人从深海捕捞沙丁鱼。他们在海上捕到沙丁鱼之后，如果能让它们都活着到达码头，活鱼卖出去的价格就会比死鱼高好几倍。但是，由于沙丁鱼生性懒惰，不爱运动，返航的路途又很长，因此，捕捞到的沙丁鱼往往还没到达码头，就死得差不多了，即使有些活的，也都奄奄一息。渔民们想了无数的办法，想让沙丁鱼能活着到达码头，但都失败了。唯独有一位渔民，捕到之后带回来的沙丁鱼总是活的，而且还活蹦乱跳，所以他卖鱼赚到的钱也总是比别人多。其他渔民都去请教他是怎么做到的，但他怎么也不肯说出他的成功秘诀。直到他去世后，人们打开他的鱼槽，才发现只不过是多了一条鲶鱼。原来鲶鱼是沙丁鱼的天敌，当鱼槽里同时放有沙丁鱼和鲶鱼时，鲶鱼出于天性会不断地追逐沙丁鱼。在鲶鱼的追逐下，沙丁鱼也会紧张起来，拼命四处游动，于是激发了体内的活力，从而活了下来。这就是所谓的“鲶鱼效应”。

把“鲶鱼效应”运用到公司管理上，最出色的是日本的本田公司。本田先生对欧美企业进行了考察之后，结合公司的现状，首先从销售部入手，因为销售部经理的观念较守旧，已经严重影响了他的下属。必须找一条“鲶鱼”来，尽早打破销售部只会维持现状的沉闷气氛，否则公司的发展将会受到严重影响！经过周密计划和安排，本田先生从别的公司挖了一位年仅 35 岁能干的人，接任本田公司销售部经理。这个人凭着丰富的市场营销经验和过人的学识，以及惊人的毅力和工作热情，受到销售部全体员工的好评，员工的工作热情被极大地调动起来，活力大为增强，公司的销售出现了转机，销售额直线上升，公司在欧美市场的知名度不断提高。

本田先生对新的销售部经理的工作非常满意，他不仅自己的工作表现很出色，而且销售部作为企业的龙头部门还带动了其他部门经理人员的工作热情和活力。本田先生深为自己有效地利用了“鲶鱼效应”而得意。

从此，本田公司每年都从外部“中途聘用”一些精干的、思维敏捷的、30 岁左右的生力军，有时甚至聘请常务董事一级的“大鲶鱼”。这样一来，公司上下的“沙丁鱼”都有了触电式的感觉，公司业绩蒸蒸日上。■

案例 2：海尔的转变

1984 年，张瑞敏临危受命，接任了当时已经资不抵债、濒临倒闭的青岛电冰箱总厂厂长。一位顾客向当时的青岛电冰箱厂反映：他们生产的电冰箱有质量问题。于是张瑞敏突击检查仓库，发现仓库中竟然还有 76 台不合格的冰箱！在研究处理办法时，有些干部提出：作为福利处理给本厂的员工算了。就在大家犹豫时，张瑞敏却做出了一个看似有悖于“常理”的决定：开一个全体员工的现场会，当众把这 76 台冰箱全部砸掉！而且，是由负责生产这些冰箱的员工亲自来砸！

听闻此言，许多老工人当场就落泪了……要知道，那时候别说“毁”东西，企业就连开工资都十分困难。况且那是个物资紧缺的年代，别说正品了，就是次品冰箱也要凭票购买。如此“糟践”，大家“心痛”啊！当时，甚至连该厂的上级主管部门都难以接受。但张瑞敏明白，要有危机意识！如果将这些产品放行，就谈不上质量意识。他认为，不能用任何姑息的做法，来告诉大家可以生产这种带缺陷的冰箱，否则今天是 76 台，明天可能就是 760 台、7600 台……因此，必须实行强制措施，而且必须要有震撼作用。

结果，就是用一柄大锤，伴随着阵阵巨响，“砸”醒了厂里员工的质量意识。至于那把著名的大锤，已经被摆在了展览厅里，让每一个新员工参观时都牢牢记住它。张瑞敏在上海《财富》论坛上说："这把大锤对海尔今天走向世界，是立了大功的！"

随着互联网时代的来临，张瑞敏认为，互联网对企业来说就是彻底的颠覆，对于海尔也是如此。他的管理思维再次突破传统桎梏，在海尔提出并实践互联网时代的新商业模式——"人单合一"双赢模式。简单地说，"人"就是企业里面的员工，"单"表面上是订单，把员工和订单连在一起，订单的本质就是用户，包括用户的需求、用户的价值，也就是把员工和他应该面对的用户联系在一起。"双赢"就是员工不是根据完成任务多少和好坏拿钱，而是员工通过自身创造的价值来体现自己的价值。

传统的管理模式是以企业为中心制定的，互联网时代应该以用户为中心制定，这是两者的本质区别。海尔通过搭建机会公平、结果公平的机制平台，推进员工自主经营，让每个人成为自己的 CEO，将中间管理层一万多人都去掉了，使原来的金字塔式企业结构变成网络化结构，打破了边际，每个人都可以通过互联网和全社会的资源连接起来。■

案例 3：史玉柱的成功与失败

1989 年，史玉柱从深圳大学研究生毕业之后，带着借来的 4000 元钱正式涉足 IT 产业。凭借自己的第一款产品，挖来了创业需要的第一桶金。1992 年，史玉柱在珠海创办公司。当时，他的公司可谓是中国电脑行业的领头羊，他个人被评为"中国十大改革风云人物""广东省十大优秀科技企业家"，并获得珠海市第二届科技进步特殊贡献奖，甚至还得到一辆汽车作为奖励。

第二年，惠普、IBM、英特尔、微软、西门子等跨国公司开始进入中国电脑市场，中国民族电脑业步入了低谷，史玉柱的公司也未能幸免。1994 年，史玉柱感受到了危机，提出了公司要走多元化的扩张之路。紧接着第二年，公司的三大"战役"正式打响：电脑、保健品、药品营销，史玉柱在那年投下 1.2 亿元，开发出某保健品，凭借自己出色的营销能力，两年挣了 3 亿元。在组织三大"战役"的同时，他又拓展了化妆品、服装领域，这时的史玉柱觉得自己无所不能，没有意识到危机正在向自己一点一点逼近。自觉根基深厚的史玉柱，准备建一座办公大楼，用他的公司名字命名。但由于大厦初期的地质勘测不够到位，建在了三层断裂带上，光地基就又投入了 1 个亿，并延误了工期。原本 2 亿元的投资也随着楼层的增高飞涨到了 12 亿元。为了补上资金缺口，史玉柱想了很多办法，但最终还是无济于事。这时集团的管理也出现了严重问题，进一步加速了危机。

1997 年，一系列不成功的产品和用巨资修建的大厦拖垮了他的公司。在公司财务危机被媒体曝光后，喧嚣四起，投资人都开始找史玉柱，要他还钱。一个星期之内，公司迅速坍塌。之后，史玉柱退出了人们的视野，爬珠穆朗玛峰，隐居……几年后，史玉柱再度整合团队，向朋友借了 50 万元作为启动资金，转战长三角。

史玉柱将江苏江阴作为他新开发的保健品的首战场，首站告捷。到了 1999 年，该保健品的单月销售额已经过亿。之后，史玉柱又进军网络游戏领域，成立的公司在纽约证券交易所上市。2014 年 3 月 17 日，该公司突然宣布将以 30 亿美元的价格，完成私有化，从美国资本市场退市。当时，大量私有化的美股企业寄希望于注册制的实施，这样就可以规避买壳成本，用最小的代价，登陆资本市场。但这时的史玉柱当机立断：不等注册制，直接借壳上市。2015 年年中，中国资本市场形势急转直下，市场暴跌，IPO 被迫中断，注册制的预期最终破灭。史玉柱当初的危机意识和明智选择，成功令公司躲过了这一危机。■

案例解码

勇敢面对危机，积极寻找对策

“鲶鱼效应”这个案例告诉我们，在没有鲶鱼的鱼槽中，沙丁鱼变得很懒惰，慢慢失去活力，渐渐地都死掉了。而在鲶鱼到来之后，沙丁鱼如果不想死亡，就必须活跃起来，逃避追捕。于是它们拼命地游啊游，结果活着到达了码头。

在有些公司也一样有很多沙丁鱼式的员工，他们缺乏忧患意识，一味追求稳定。但现实中的残酷竞争不允许员工有这种贪图安宁的想法。因此，适当地引入鲶鱼员工来增加内部的忧患意识和积极性是很有必要的。在这方面，本田公司做出了范例。

在海尔的案例中，虽然当时即使是次品冰箱，也依然紧缺，张瑞敏却认为次品除了被淘汰，不应该有出路。这是因为张瑞敏有强烈的危机感，同时发现大部分员工缺乏危机意识，

没有对自己的长期的职业发展严格要求。

于是，张瑞敏借“员工亲手砸冰箱”事件，给大家上了一节“危机意识”课。让员工意识到，任何企业要走品牌战略的发展道路，质量永远是生存之本。事实证明，海尔如今成长为全球知名品牌，和强化危机意识是分不开的。在个人职业发展的道路上，也需要时刻保持危机意识，这样才能逼着自己不断提高，增强应对能力。

而在史玉柱几番创业的沉浮中，我们也看到了有危机意识和没有危机意识所导致的不同结果。创业开始的几年，史玉柱的公司发展迅速，并开始走多元化道路，当时他没什么危机意识，觉得自己想做什么都能做成，实际上慢慢走上了一条不归路。事实上，每个企业、每个人真正能做的事并不多，适合自己、能做成功的则更少。在竞争激烈的游戏和投资领域中，史玉柱吸取了之前的经验教训，保持着高度的危机意识，因此避免了再次失败。

综上所述，可以归纳出以下几点：

首先，每位职场人都要认识到，没有职场危机感就是最大的危机。危机感，可以激发人的潜力，能够使人爆发惊人的胆量，使人的勇气激增到无所畏惧的地步。我们要善于在逆境中勇敢面对危机，又善于在顺境中保持忧患意识，从而坚持不懈地努力。成功如比尔•盖茨，也总是感到危机感的紧迫存在，他曾经说：“微软离破产永远只有18个月。”

其次，每位职场人都要树立正确的职场危机意识。在危机实际到来之前，做好应对准备和措施。时刻分析自己面临的挑战，冷静看待自己与别人的差距，清楚自己所面临的外部环境和竞争格局，看到自身的不足，化危机为动力，保持进取的斗志，不断努力学习和进步。

最后，在职业道路上，正因为没有危机便是最大的危机，因此应对危机的最好办法，就是未雨绸缪，早做准备，积极行动，提前构建自己的核心竞争力和危机防火墙，这样才能在职场上永立潮头。■

互动环节

心理小测试：睡觉时被蚊子咬了你会怎么办?

（1）呜呜呜，被蚊子咬了，起床看看。

（2）我被蚊子咬了？随它去吧。

（3）赶紧翻身起床，打蚊子。

（4）跳起来，开灯。

测试结果：

选（1）：你善于把控眼前的工作，但缺乏前瞻性，也对周边的事物缺少关注。

选（2）：你是一个自我而执着的人。

选（3）：你很重视危机，无论什么危机，碰上一次之后就会想办法从根本上杜绝它，顺便还会对与其有关的麻烦采取防范措施。

选（4）：你碰上危机会积极地去解决，同时追查危机的来源。

名人名言

左丘明

居安思危，思则有备，有备无患。

孟子

生于忧患，死于安乐。

（美国）理查德·帕斯卡尔

21世纪，没有危机感是最大的危机。

15

让知识与技能照亮前程

学习提要

- 理解学习是立足职场的唯一途径；
- 理解知识与技能的重要性和多样性；
- 理解只有强势的知识与专门化的技能才有力量；
- 理解职场需要：学习——实践——再学习——再实践，循环往复以至无穷。

导入案例

案例1：卓别林一字值千金

1938年10月，幽默大师卓别林写成了以讽刺和揭露希特勒为主题的电影脚本《独裁者》。

第二年春天，影片开拍时，派拉蒙电影公司说：理查德•戴维斯曾用“独裁者”这个名字写过一出闹剧，所以这名字是派拉蒙电影公司的“财产”。

卓别林派人跟他们谈判无结果，又亲自找上门去商谈解决的办法。

派拉蒙公司坚持：如果卓别林一定要“借用”“独裁者”这个名字，必须付25000美元的转让费，否则就要诉诸法律。

卓别林灵机一动，当即在片名前加了个“大”字，变为《大独裁者》，并且风趣地说：“你们写的是一般独裁者，而我写的是大独裁者，这两者之间风马牛不相及。”说完，他扬长而去。

派拉蒙公司的老板们一个个哑口无言。

事后，卓别林对朋友幽默地说：“我多用了一个‘大’字，省下了25000美元，可谓一字值千金！”■

案例2：子贡退学

子贡对学习感到厌烦了，想退学，便对孔子说：“让我去侍奉国君吧！”

孔子说：“你读过《诗经》吗？《诗经》说：每天一早一晚侍奉国君，态度要温顺恭敬，办事要小心谨慎。侍奉国君难哪！”

子贡说：“那就让我侍奉父母吧！”

孔子说：“《诗经》说侍奉父母要顺从，永不疲倦地孝敬双亲。侍奉父母也难哪！”

子贡说：“那就让我去陪伴妻子吧！”

孔子说：“《诗经》说，对妻子要以身作则，只有这样才能治好家。陪伴妻子也难哪！”

子贡说：“那就让我去结交朋友吧！”

孔子说：“《诗经》讲，朋友之间要互相帮助，要注意礼仪。结交朋友也难哪！”

子贡说：“那就让我种地吧！”

孔子说：“《诗经》说，冬天到了，农夫仍然辛劳。种田也难哪！”

子贡无可奈何地说：“这样说来，除了学习我就不能干点别的什么吗？”

孔子说：“你看见那一片坟地了吗？大大小小，一座接一座，只有那里面的人才可以停止学习。一个人活着，如果不学习，就会一事无成。”■

案例 3：乔布斯的旁听课

“苹果之父”乔布斯在进入大学学习之后，发现自己完全不知道这样念下去究竟有什么用。当时，他觉得人生漫无目标，为了念书，还花光了父母毕生的积蓄，所以决定退学。做这个决定的时候，他感到非常害怕，但当他回头去看，他认为这是他这一生中做出的最正确的决定之一。从退学那一刻起，他就再也不用去上那些他毫无兴趣的必修课了，他开始旁听一些自己觉得比较有意思的课。

那个时候，里德大学可以说拥有全美国最好的书法教育。整个校园里的每一张海报、每一个抽屉上的标签，都是很漂亮的手写体。由于乔布斯已经退学，不用再去上一些常规课，他就选择了一门书法课，想学学怎么写一手漂亮的字。

在这门课上，他学习到了各种衬线和无衬线字体，学习了如何改变不同字体组合之间的字间距，学习如何做出漂亮的版式等。他认为，那是一种科学永远无法捕捉的美，充满历史感和艺术感，特别有意思。

当时，乔布斯完全是出于兴趣学习这些知识，没想过这些知识会在他的职业生涯中创造什么实际价值。但是十年之后，当他们设计第一款 Macintosh 电脑（简称 Mac，俗称 Mac

机，也有人称作苹果机或麦金塔电脑）时，这些知识全部派上了用场，他们设计出了第一台可以排出好看版式的电脑。

如果当时乔布斯在大学里没有旁听书法课程，今天的个人电脑大概也就不会有这么出色的版式功能。

乔布斯曾经表示，创造力的秘诀在于“让自己了解人类历史上最优秀的创举，然后努力将它们融入你所从事的事情”。了解人类历史上最优秀创举的唯一途径，就是不断学习，多动脑子。

乔布斯认为，Macintosh 电脑之所以如此优秀，是因为他们招募的开发者中有不同职业的员工，音乐家、诗人、艺术家，还有动物学家和历史学家，但他们恰好又都是这个世界上最优秀的电脑科学家。让擅长不同领域的人聚集在一起，各自发挥优势，就释放出了巨大的能量。■

案例解码

努力学习和掌握属于自己的专业技能

一代幽默大师卓别林写成了电影脚本《独裁者》，派拉蒙电影公司提出，理查德·戴维斯曾用“独裁者”这个名字写过一出闹剧，所以这个名字是他们的“财产”。经过几次沟通都无用。最后卓别林用自己的知识和智慧，想出一个办法，在片名前加个“大”字，完美解决了这个问题，让派拉蒙公司的老板们都哑口无言。看似简单的一个字，解决了大问题，新的名字比原来那个更好。

卓别林的故事我们看到了知识和智慧的重要性。而子贡辍学的案例里，我们看到了一个不想学习的子贡。从子贡和孔子的对话可以看出，子贡提到的每一件事或者每一份工作，在孔子看来都有很高的要求，需要学习，于是子贡就退缩了。他希望可以不用学习，但这是不可能的。如孔子所说，“一个人活着，如果不学习，就会一事无成”。

而“苹果之父”乔布斯就是个很好的例子。从大学退学后，他继续在大学里学习喜爱的课程——书法，学习各种字体，以及改变不同字体组合之间的字间距的方法，还学习如何做出漂亮的版式，等等。这些知识最后都用在了他设计的电脑中，让我们现在使用的个人电脑有很出色的版式功能。他的公司招募的开发者中有各种不同职业的员工，他们各自都有来自不同领域的巨大优势，聚在一起就释放出了巨大的能量。

以上三个案例从各个角度说明了学习和掌握专业技能的重要性。如何做到这一点，可以从下面几个方面入手：

第一，工作中多学习，多记录，多积累经验。系统地积累有用的知识，理清工作思路，优化日程安排，强化人脉管理和自我投资。通过记录和整理笔记，可以把实践和失误转化为经验再凝聚为资历，而资历与职场的成败有密切的关联，对个人的未来发展有积极的辅助作用。

第二，将自己的知识和工作中积累的经验应用到工作中去。在职场中，要用很强的知识寻求热情和学习原动力，不固守已有的知识和经验，勇于打破自己的心智模式，对新观念、新技术、新方法保持敏感和渴求。日常工作中，找寻每一个可能的学习机会，汲取工作相关的知识、技能，并能恰如其分地应用到实际工作中去。敢于尝试新的工作思路和方法，提高工作技能。

综上所述，在不断的学习——实践——再学习——再实践的循环往复中，掌握过硬的知识和专业化技能，在职场立足。■

互动环节

想一想，毕业后进入职场，你有哪些强势的知识？还有哪些专业化的技能？而短板又是什么？可以列表进行对比。■

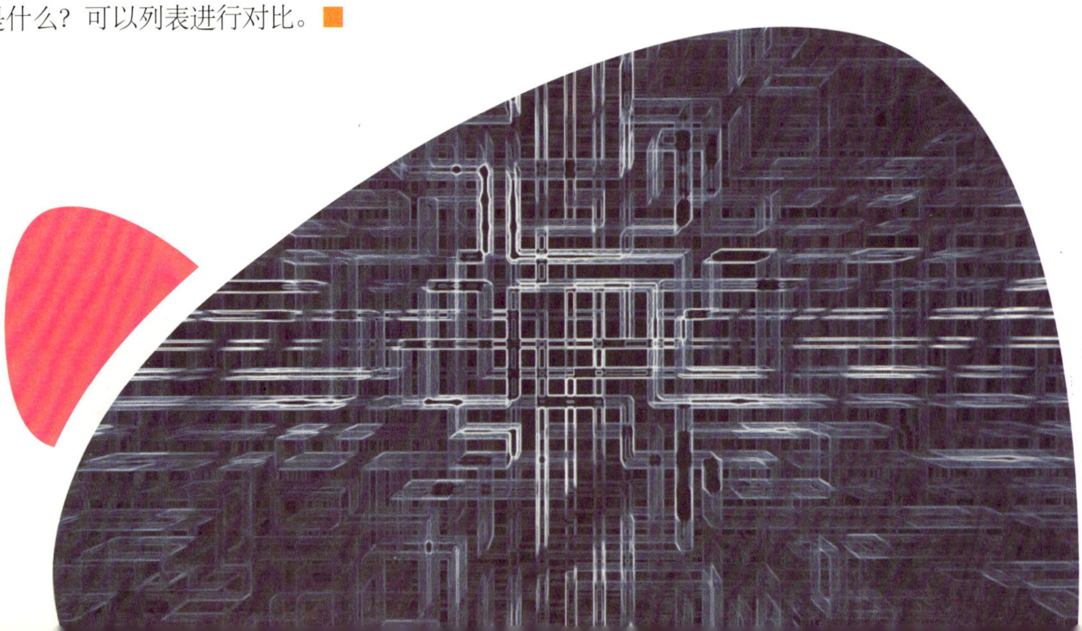

名人名言

（英国）托马斯·富勒

知识是珍宝，但实践是得到它的钥匙。

李嘉诚

知识改变命运。

（俄罗斯）屠格涅夫

知识比任何东西都能给人以自由。

珍惜情感篇

16

释放爱的光芒

学习提要

- 理解职场亲善带来幸福，职场文明带来和谐；
- 理解和谐的职场环境和工作氛围的重要性；
- 多一份沟通，少一份猜忌。

导入案例

案例 1：阿里巴巴的企业文化

随着阿里巴巴的日益发展壮大，阿里巴巴的管理者越来越认识到，企业的成功不仅取决于规划、策略、组织结构等“硬件”，还在于优秀的企业文化“软件”。为了能让员工快乐而投入地在阿里巴巴公司工作，阿里巴巴千方百计想出了一些别致的“套路”，营造出融洽的工作氛围。

在阿里巴巴，每个新进员工都被要求取个“绰号”，来源于各武侠小说中的人物名字，唯一的要求，是要“正面人物”，比如“郭靖”“黄蓉”“铁木真”等。每个绰号都要正儿八经报人力资源部，以后公司系统登录，同事间相互称呼，以绰号为正，在阿里巴巴只知绰号，不知真名是非常普遍的。一个绰号，让员工间生出很多乐趣来。

企业大了，会面临一个问题：各部门的员工因为缺少沟通而彼此陌生。阿里巴巴就用“帮派”来解决这个问题。阿里巴巴的内部有五大“帮派”，员工们根据自己的绰号加入不同的帮派，工作里的上下级关系在帮派里被彻底打破，即便处在最基层的员工也有机会一跃成为帮主，统领工作中的上司。每年一届“武林大会”，比的是唱歌或者各种运动项目。五大帮派汇聚一堂争夺“阿里第一”。阿里巴巴的员工还自发形成了“阿里十派”，如电影派、摄影派、宠物派，等等。

招聘新员工，先“闻味道”，看看与阿里巴巴倡导的核心价值观是否贴合。新进员工不是直接上岗，而是先到总部培训，参加户外拓展，避免初来乍到就固定到岗位，会因不熟悉而产生恐慌。每个部门都配备一个人力资源专员，人称“政委”，部门里的员工有什么想法，不用因为怕上升到公司或者集团有心理压力而藏着憋着，直接找“政委”就可以。

让“快乐工作”成为可能，不仅体现在制度安排上，在整个晋升体制上，阿里巴巴也同样奉行“自由”原则。例如，员工的晋升并不是由主管决定，而是结合一年的工作情况自己来判断决定，如果认为自己到了晋升的某一个层次和水平，就提交晋升申请，由各个部门的资深同事来进行考核，员工做述职报告，评委来投票决定。

不过，如何把自由而活跃的“分子”纳入整个组织的有机体中，员工自主性如何与企业的需求相匹配，这都需要给“自由”加一个前提。比如，晋升请求是自己提出的，但是判断的标准是透明、公开、具体而明确的。转岗是没有主管限制的，但是存在一些硬性条件：首先就是要在现有部门至少任职一年，其次就是绩效考核达到一定的水平。这样就能避免员工因为逃避而转岗，保证真正优秀的人才流动起来。■

案例 2：令人羡慕的公司待遇

一般来说，和其他公司相比，科技公司的工作环境是最好的。作为全球顶级社交网络公司，Facebook 公司为员工所提供的工作环境和各种福利待遇则更是让人羡慕。

公司的餐厅为员工提供美味的一日三餐，还有取之不尽的零食、面包、咖啡、饮料、酸奶、酒，而且都是免费的。公司允许员工酒后编程，也可以一边喝着东西一边开会。另外，餐厅还是员工社交的主要场所之一，员工可以在这里聊天、小憩。公司还设有特别工作区，就像餐厅的卡座一样。如果员工的女朋友来公司了，就可以到这样的地方一边陪着女朋友一边上班。公司的开放性可见一斑。

除了每天免费的美味三餐之外，公司还为员工提供高质量的工作、娱乐环境。每年公司都要举办成立纪念庆典，员工会在这个时候收到各种意想不到的礼物。公司还很重视员工的身体健康，在公司就有医生、按摩师和理疗师，随时为员工解决各种健康问题。

新进公司的工程师在入职一周之后，一般都能完全适应公司的节奏。每周五，身为公司首席执行官的马克·扎克伯格都要参加公司举行的大会，并回答职工提出的各种问题。据员工反映，扎克伯格会在会议上分享自己一周来的想法，对公司员工提出的问题也是有问必答。

因为整个总部面积广阔，公司为员工设置了大量的户外活动场所，员工可以躺在太阳下享受日光浴。每年，公司还会租下附近的一个公园，组织员工一起玩一些校园时代的游戏，比如踢足球、跷跷板、打扑克或者真实版“愤怒的小鸟”。公司主园区的会议室都有自己的名字，这都是经过员工投票之后民主决定的。

公司的宗旨是最大限度地为员工提供一个愉悦、舒适的工作环境。如果员工习惯用苹果的笔记本，公司就会提供一部 Mac；如果员工喜欢搭载了 Linux 或者 Windows 系统的电脑，公司也会配置，而且电脑的型号可以根据员工喜好而定。公司奉行的原则是，为每一位员工提供最顺手的工具。因为员工只有在使用最适合自己的工具时，效率才会最高。

某求职网站曾经调查了 18 家主流科技公司的员工满意度，结果发现 96% 的 Facebook 员工均表示对自己的工作感到非常满意。■

案例 3：财富、成功，还有爱

一个妇女看见三位老人坐在她家的前院里，便邀请他们进屋吃点东西。

“我们不会一起进屋的。”三个人异口同声地答道。

“为什么？”妇女感到奇怪。

其中一位老人解释道：“他叫‘财富’，这是‘成功’，而我则是‘爱’”，他补充道，“现在你回屋去，和你丈夫商量一下，愿意让我们中的哪一位进去。”

妇女与丈夫和女儿商量后，决定邀请“爱”进屋。

于是，妇女便出来邀请“爱”。“爱”站了起来，向屋子走去。

出乎意料的是，另外两个人也站了起来，跟在“爱”的身后。

妇女很惊讶，便问“财富”和“成功”：“我只邀请了‘爱’，怎么你们也来了呢？”

三位老人再次异口同声地答道：“因为哪里有‘爱’，哪里就会有‘财富’和‘成功’！”■

案例解码

职场也能充满幸福感

作为“全球最大的零售交易平台”，阿里巴巴公司希望员工可以快乐地工作。为了给员工营造和谐的工作氛围，阿里巴巴想出了各种各样的“套路”，例如，每个员工都要取一个“绰号”，公司里还有“五大帮派”，不分上下级关系，每人可以加入一个“帮派”。员工们心里有想法，还可以找公司的“政委”来反映。在晋升方面，公司也主张打破原有的模式，鼓励员工自由提出晋升请求，做到优秀人员真正地流动起来。

作为全球最大的社交网站，Facebook 公司全方位地为员工提供高质量的工作、娱乐环境。工作硬件方面尽量提供令员工满意的办公工具，让他们可以工作得更顺手；工作环境方面，公司为员工提供轻松、开放、自由、愉快的工作环境，鼓励员工之间、员工和领导之间互相交流；后勤方面，为员工提供好后勤保障，关心员工的身心健康。公司真正做到让员工快乐工作。

相比这两个公司，大家都听说过同为科技公司的富士康公司。这家公司每天的工作时间较长，对员工的生理和心理都是巨大的考验，以至于常有一些令人痛惜的事件发生。

职场亲善带来幸福，职场文明带来和谐，营造和谐的职场环境，可以从下面三个方面着手：

首先，工作氛围的管理应该侧重于“重感情，讲引导”，给员工长期的和潜移默化的

影响，从而调动员工的工作积极性。良好的工作氛围能够最大程度地满足员工的心理需求，激发员工内心深处的精神动力，让员工实现高效率工作。

其次，营造具有良好互动性的员工之间的交流。员工之间协助支持、信任尊重、融洽合作、彼此认同，这些行为如果可以形成公司的一种风气，则可以很好地促进工作。

最后，保持良好工作环境的稳定性。在公司里营造好了良好的、稳定的工作环境之后，要尽量使其处于一种相对稳定的状态，这样可以保证在相当长的一段时间里，员工和公司都能够持续发展。

尽管行业不同，工作性质不同，但是“让员工快乐而投入地工作”这样一个目标，是每个公司的共同追求。因为心中有了爱，就有了成功和财富。■

互动环节

小建议：

办公室同事之间在工作上难免会有磕磕绊绊的小争执，说复杂也不复杂，因为都是为了工作。下面告诉你和同事和谐共处的三个黄金法则，让你与同事和谐共处不再是难事。

（1）真诚待人。真诚的人使人产生安全感，减少自我防卫。

（2）乐观主动。无论何时，学会首先给对方一个微笑，总是板着个脸，给人太严肃的样子，会让人产生距离。

（3）尊重平等。把对方放到同一个高度来看待，当成朋友去尊重。■

名人名言

（法国）雨果

亲善产生幸福，文明带来和谐。

冰心

美的真谛应该是和谐。这种和谐体现在人身上，就造就了人的美；表现在物上，就造就了物的美；融汇在环境中，就造就了环境的美。

（美国）巴纳德

管理者的最基本功能是发展与维系一个畅通的沟通管道。

17 弹好爱情浪漫曲

学习提要

- 掌握职场爱情忠告；
- 学会保持工作与爱情的平衡；
- 思考《杜拉拉升职记》的恋爱启示。

导入案例

案例 1：数字时代的“黄金搭档”

李国庆、俞渝二人是中国互联网领域屈指可数的“黄金搭档”。1999 年 11 月，两人共同创办当当网，短短数年，当当网以 200% ～ 300% 的年增长速度发展成为中国首屈一指的电子商务公司。事业如日中天，生活中的他们也充满传奇色彩。

1996 年，北京科文实业集团董事长李国庆带队到美国哥伦比亚考察，与独闯美国华尔街的金融才女俞渝不期而遇，两人相见恨晚。回忆第一次见面的感觉，俞渝说：“不知道为什么，我想起了电影《庐山恋》里的郭凯敏，他是那种聪明、有主见的小伙子。我给他讲如何融资，他认真地用笔记下来，我一看就乐了。”那张笔记纸，李国庆保存至今。

5 个月后，俞渝闪电般嫁给了李国庆，并断然放弃海外如日中天的金融事业，追随丈夫回国。

回到北京后，俞渝发现丈夫的图书出版生意不温不火，很难做大。“各种卖书的方式都试遍了，怎么都不赚钱。”一次，她去西单图书大厦买书，找书找得晕头转向，这偶然的经历让她萌发念头：何不创办一家像美国“亚马逊”那样的网上书店，既容易分类又方便顾客？商业嗅觉敏锐的李国庆采纳了妻子的建议。

经过两年筹备，当当网正式登场。夫妻俩别出心裁，担任“联合总裁”。俞渝的思维逻辑性、系统性、条理性比较强，而李国庆对市场有很好的洞察力，两人形成优势互补。李国庆说：“我们夫妻俩分工明确，我负责市场营销、采购和技术等，她负责物

流、人力资源和财务，谁负责的领域谁说了算。”

夫妻共同创业有好的一面，在沮丧的时候能够互相鼓励，互相打气。但另一方面，他们有不同的成长背景和经历，而且都非常有主见，因此常会因为对市场、顾客需求和人员任用等意见不合而互相生气，不可避免地把负面情绪带回家。

为了解决这些矛盾，夫妻俩约法三章：不在卧室谈工作，不带情绪回家，每周必须有一天留给孩子，一个人出差时，另外一个必须留守公司或和孩子在一起，等等。

2001 年，夫妻二人经过事业低谷的考验，挺过了中国电子商务最严酷的寒冬。2003 年，李国庆因与董事会两名股东的矛盾，要宣布辞职。关键时刻，俞渝说服全球最大的风投公司之一——老虎基金一次注入 1100 万美元，并意外获得当当老股东 1100 万美元的第二轮风险投资。2004 年，亚马逊提出以 1.5 亿美元收购当当网 70%～90%的股份，俞渝夫妇坚决拒绝，而卓越网却被收购了，当当网和卓越网两极争雄的局面终于被打破。

面对亚马逊的进攻，俞渝协助丈夫以低价夺天下，同时借鉴亚马逊“大而全”的模式与之抗衡。2009 年，当当成功走出因低价战略一直亏本的困境，开始全面赢利，并向全球网上商城迈进。2010 年，当当网在纽约证券交易所正式挂牌上市，成为中国第一家完全基于线上业务在美国上市的 B2C 网上商城……

很多人说当当是“网上夫妻店”，李国庆和俞渝并不介意这样的比喻。他们与当当网的故事仍在继续，这是一段光阴的故事，关于热血与奋斗，还有爱情。■

案例 2：你好，西班牙

2000 年悉尼奥运会，是萨马兰奇以奥委会主席身份参加的最后一届奥运会，全球共有 200 个代表团的 11000 多名运动员参加。

开幕式上，人们再次看到那个须发皆白但精神抖擞的熟悉身影。萨马兰奇坐在主席台上，和全世界热爱奥林匹克运动与和平的人们共享这一美好时刻。当朝鲜和韩国代表团握着手走进会场时，萨马兰奇和全场 12 万名观众一起起立欢呼——为代表着人类和平、团结、进步的奥林匹克精神激动不已。

人们并不知道，此时一脸兴奋快乐的萨马兰奇主席，内心却深深地担忧着妻子。之前的几个月，妻子玛丽亚一直遭受着病痛的折磨——癌症随时会夺去她的生命。奥运会开幕前，望着病中的妻子，萨马兰奇决定留下来陪她走过最后的时光。但妻子极力反对，她劝萨马兰奇全身心投入奥林匹克事业中，不要让人生留下遗憾。

妻子的理解深深打动了萨马兰奇，他如期出席了开幕式。在致开幕辞之前，他出人意料地先朝着镜头轻声说了句西班牙语——先进的数码设备后来证实，他说的是：你好，西班牙！

全世界 40 亿狂欢的人群中，只有躺在病床上看电视转播的玛丽亚听懂了，这是丈夫在用自己独特的方式向爱人问好。

可惜深沉的爱没能阻挡死神的脚步。就在萨马兰奇匆匆赶回巴塞罗那的途中，玛丽亚去世了。从不哭泣的萨马兰奇闻讯失声痛哭，“她是个很好的女人，我非常爱她，非常崇拜她。”

玛丽亚曾是巴塞罗那的社交名媛，会 5 种语言，擅长钢琴、绘画，职业是记者。嫁给萨马兰奇之后，无论在他把奥运会的商业化推进到登峰造极之时，还是曝出“黑金选票”的丑闻时刻，玛丽亚一直默默地站在萨马兰奇背后，担负起“奥委会第一家庭”的责任。

玛丽亚的葬礼隆重而感人。包括西班牙王后索菲亚在内的 800 名贵宾出席。萨马兰奇

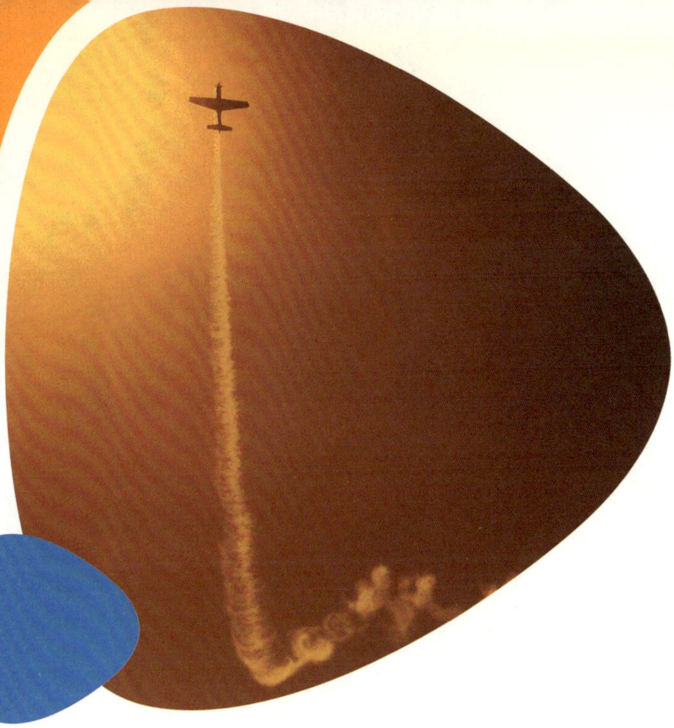

穿着黑色西装，眼里满是泪水。他的左手放在胸前，那是心脏的位置。

萨马兰奇这一生留给妻子的，没有过多的陪伴，也没有过多的照顾；唯有那句公开的、面对 40 亿观众，说给妻子的爱情问候——你好，西班牙！

案例 3：杜拉拉升职记

大学毕业的第四年，历经民营企业和港台企业的洗礼后，杜拉拉终于如愿以偿地走进了通信行业的著名美资 500 强企业 DB，任职华南大区销售助理。

这个岗位有点像区域销售团队的管家婆，负责区域销售数据的管理，协助大区经理监控费用，协调销售团队日常行政事务等。工作内容琐碎，且需要良好的独立判断。拉拉很符合岗位要求，带着满心的抱负开始了自己的白领生活。

她在自己的想象中，把 DB 当成冒险家的乐园，而自己就是闯荡江湖的侠女。她凭借灵活的头脑以及踏实肯干的黄牛劲儿，见招拆招，误打误撞，不仅在事业上获得了长足的发展，而且还收获了爱情。

杜拉拉和王伟的初识，也就是普通同事间的寒暄。两人的正式接触源自 DB 上海办公室装修前的搬迁事件。

年轻气盛的王伟是大客户部的销售总监，他不买行政部的账，不愿合作帮助搬迁。他双手交叉抱在胸前，居高临下地对拉拉说：“我们部门今天有重要活动，没有人手，行政部找人帮我们打包吧。”

王伟身材高大，而拉拉只是中等个头，不说两人级别上的悬殊，单是身高上的差距，王伟就给了拉拉很强的威慑。正忙得焦头烂额的拉拉毫不示弱，毫不留情地直接给王伟下了最后通牒：要不搬，要不等着被扔。说完，她头也不回地转身离开。

王伟一时愣在原地，在一堆等着看好戏的员工面前，颇有些下不来台。

自从这次搬家风波之后，王伟留心观察了一下，不得不承认拉拉特不容易，一个人要操持很多事情。他对拉拉感到一丝歉意，便留了心，想找个机会补偿一下。一次加班后，王伟放下总监的架子主动示好，邀拉拉共进晚餐，了解后他发现这个小小的“倔驴”女孩居然有这么大的干劲。从好奇到欣赏，从心动到爱慕，美丽的职场爱情童话就这样开始了。

外企的快节奏不会给他们太多闲暇，除了上班时的沟通，两人的甜蜜也多为吃饭、聊天。王伟喜欢带拉拉出去吃饭喝酒，她胃口很好，喝多了就开始活灵活现地说笑话。但是无论她做什么，王伟都觉得那么可爱。

幸福，原本就不一定是山盟海誓，也很难轰轰烈烈，它就是两个人一起分享喜怒哀乐，看到好东西就会想起彼此……那是最真实的细水长流的感情。■

案例解码：

职场恋情就该这么谈

在中国的商界夫妻档中，如果要论知名度，李国庆和俞渝几乎无人能及。1996 年，他们在美国相识，从恋爱到结婚不过五个月，之后就诞生了婚姻的另一个结晶：当当网。

事业上，他们两人相得益彰，取长补短，省去了不少管理上的麻烦；生活中，他们相濡以沫，互相扶持，感情好得羡煞很多人。

夫唱妇随的名人不在少数，国际奥委会终身名誉主席萨马兰奇与妻子之间矢志不渝的爱情曾感动了无数人。萨马兰奇走遍五大洲 190 多个国家和地区，开启奥林匹克商业化改革，为奥运做出了巨大贡献。而他的妻子玛丽亚为了丈夫选择了平凡，默默地操持着家庭的一切。即使重病在床，她依然支持丈夫出席奥运会，为萨马兰奇的任期画上了圆满的句号。

《杜拉拉升职记》则向我们展示了一位独立、自尊、善于思考、乐观向上的女白领的职场生存技巧，而她与王伟的办公室恋情，告诉了大家爱情和事业如何抉择才是明智之举。

17 弹好爱情浪漫曲

爱情来了，难以抗拒，不少人还是打算做个勇敢的人，谈一场“办公室恋爱”，但是有勇无谋却不行，下面几个职场恋爱法则，可以帮你把握住职场恋情，拥抱幸福。

职场恋爱法则一：保持低调的态度。

职场中要想彼此之间的关系长久下去，那么最好是保持低调，将保密工作做好，不要忍不住让全世界都与你们分享幸福喜悦，因为不是所有的公司都能接受职场恋情的存在。

职场恋爱法则二：注意言行举止。

年轻人恋爱恨不得 24 小时黏在一起，但是身在职场中，千万要注意自己的言行举止，不能在办公室中卿卿我我，忘记他人的存在，因为这样对他人极不尊重。

职场恋爱法则三：与其他同事保持良好的关系。

在职场中，不要自己恋爱了就忽略身边的同事，要时刻与同事保持良好的关系，多与同事互动联络感情，千万不要变成大家眼中重色轻友的人，这样你不仅很难在办公室中生存下去，说不定还会招来一些不必要的误解，让自己陷入人际关系的绝境中。

职场恋爱法则四：若有上下级关系，建议一方主动申请调岗。

否则你们的一举一动，将可能导致其他同事时刻拿放大镜观察，造成不必要的压力。同时还会因为工作上的事发生争执。

职场恋爱法则五：私人情绪避免带入职场。

恋爱中的两个人，不可能一直顺风顺水，偶尔的小拌嘴小吵架会影响你们一天的情绪。办公室就是“办公事”的地方，收起你的私人情绪，不要让它耽误你们的工作。

职场恋爱法则六：提高你的工作效率。

若是真的被上司知道你们的感情存在，不妨努力提高工作效率，在工作中做出一番小成绩，又或者让领导看到你的努力态度，能很大程度上化解上司的担心。

职场恋爱法则七：不要轻易辞职。

不要轻易地为一场并不一定会成功的恋爱放弃眼前的一切。无论恋情成功与否，辞职都是下下策。爱情和面包同等重要，千万别轻言放弃自己的事业。■

互动环节：

职场爱情虽然浪漫刺激，但这里面也大有学问，得讲究战术策略才可以保证既不丢饭碗，又能使感情稳定长久。下面向大家推荐几部职场爱情题材的电影，希望可以给即将发生职场恋爱的朋友一些启发和指导。

- 《我知女人心》：知己知彼，方能百战不殆
- 《杜拉拉升职记》：努力才有可能成功
- 《办公室的故事》：勇敢大胆追求爱
- 《甜心先生》：不离不弃
- 《BJ 单身日记》：自信是最大的魅力

名人名言

（英国）法拉第

爱情既是友谊的代名词，又是我们为共同的事业而奋斗的可靠保证。

（意大利）薄伽丘

真正的爱情能够鼓舞人，唤醒他内心沉睡的力量和潜藏的才能。

邓颖超

真挚而纯洁的爱情，一定渗有对心爱的人的劳动和职业的尊重。

18

友情，冬天里的一把火

学习提要

- 理解职业发展中如何确立和保持与同事的友情；
- 理解不同职场有不同的友谊观；
- 学会如何处理工作过程中的礼品问题。

导入案例

案例 1：中国合伙人

俞敏洪这个名字，大家都不陌生。他旗下的新东方英语培训机构，不知改变了多少学子的命运。而他从教师开始一步步打拼至今天的身家和地位，其中的创业故事能给予我们不少启迪。

1993 年，新东方培训学校成立了。当时，只有一个老师，一间租来的教室，二三十个学生，没有办公室，还要在过道里报名。如此简陋的条件、如此不利的环境，俞敏洪与他的新东方逐步走来，从竞争激烈的英语培训市场脱颖而出。俞敏洪说当时最成功的决策，就是把那帮比他有出息的海外朋友请了回来。

1995 年年底，积攒了一小笔财富的俞敏洪飞到北美，这里曾是他心牵梦绕的地方，当年就是为了积攒留学费用，他丢掉了在北大西语系的教职。在加拿大，曾同为北大西语系的徐小平听了俞敏洪的创业经历，怦然心动，毅然决定回国和俞敏洪一起开创事业。在美国，看到那么多中国留学生碰到俞敏洪都叫一声“俞老师”，已在美国贝尔实验室工作的同窗王强也深受刺激。1996 年，王强终于下定决心回国。

在俞敏洪的鼓动下，旧日挚友徐小平、王强、包凡一、钱永强陆陆续续从海外返回北京，怀着激情和理想加盟了新东方。这批从世界各地汇聚到新东方的个性迥异的人，把世界先进理念、先进文化、先进的讲授方法带进了新东方。

俞敏洪笑言，当时的新东方是“一只地鳖携带一群海龟奋斗”。怎样将这些有个性的人团结到一起，并让每个人都保持活力和豪情，是俞敏洪首先要面对的问题。徐小平充满激情，喜欢战略，用王强的话说，“新东方当时的很多战略都出自徐小平”；王强读书量惊人，“喜欢务虚”，思考理论问题；俞敏洪则生性温和、坚韧，更加现实和谨慎。

俞敏洪并不是那种让人惊艳的精神领袖，他承认自己“软弱”“优柔寡断”，并且知道这对企业管理有害。他说：“在新东方，没有任何人把我当领导看，没有任何人会因为我犯了错误而放过我。在无数场合，我都尴尬到了无地自容的地步，我无数次后悔把这些精英人士召集到新东方来，又无数次因为新东方有这么一大批出色的人才而骄傲。因为这些人的到来，我进步了，新东方进步了。没有他们，我到今天可能照旧是个目光短浅的个体户，没有他们，新东方到今天可能还是一个不出名的小机构。”

俞敏洪、徐小平、王强三人将新东方做成了中国民营教育的一支重要力量，并成为中国教育第一股，三人也被业界称为“新东方的三驾马车”。■

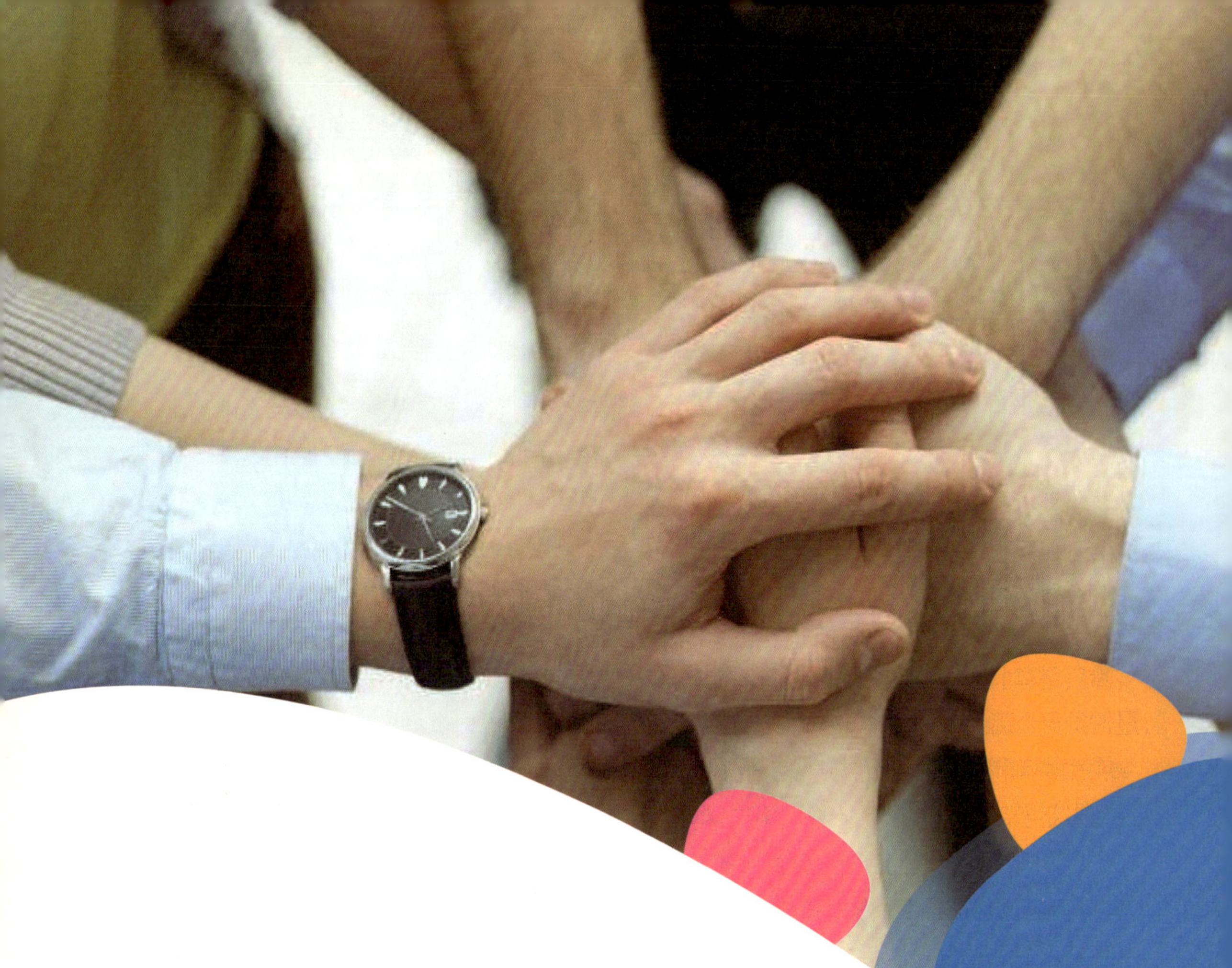

案例 2：协作才能成功

本杰明•富兰克林是 18 世纪举世瞩目的政治家、哲学家、科学家、外交家、社会活动家和企业家，在各方面都取得了卓越成就。但在他的墓碑上，只简单地刻着“富兰克林，印刷工人”。

1723 年，17 岁的富兰克林告别了故乡波士顿，先后去了纽约、费城，后来又到英国伦敦搞印刷工作。1726 年 10 月，富兰克林和朋友合伙在费城开设了一家印刷厂，开始了自己的事业。三年后，在两位挚友的资助下，他开始独自经营印刷厂，采取与人合作的方式扩大经营规模，取得了长足发展，不仅在印刷界激烈的竞争中站住了脚，并且把业务扩大到邻近几个州以及西印度群岛，成为北美洲印刷出版行业的佼佼者。

1733 年，富兰克林让一个工人去南卡罗来纳州的查尔斯顿，那里需要一名印刷工。他向工人提供了一台印刷机和许多铅字，并和他签订了一份合股契约，建立了合作关系。按照签订的契约，富兰克林需要为合作伙伴提供营运资本，他支付三分之一的经营费用，得到三分之一的利润。也就是说，他所获得的回报不是一个固定的数目，而是按照利润的百分比来分配。

这名工人是富兰克林经过很长一段时期的认真观察之后才选定的合作伙伴。他给予合作伙伴最大限度的经济自由和信任，把所有权交给合作伙伴，这对那名工人来说是一种极大的鞭策。他到了南卡罗来纳州之后，尽全力拓展业务，并努力使印刷厂成为很有声誉的企业。

合股经营中，往往会因双方的争执导致不欢而散，但富兰克林却没有这方面的烦恼，他说："我的合股契约总是善始善终。我在此愿向那些参加合股经营的人推荐预防性措施。记住，合股双方签订合同之时，不管你们彼此之间如何敬重，如何信赖，由于经营业务和承担责任上存在不公的想法，都会出现嫉妒和憎恶，小则友谊中断、合作关系破裂，大则还可能打起官司，或者出现什么别的不快后果。"因此，在他的合股条款中，早已提出了种种预防措施，关于合股双方有哪些事情要做，有什么问题要解决……这些内容写得一清二楚，以后不会为此发生争执了。

南卡罗来纳州合股经营的成功使富兰克林大受鼓舞，他又提拔了一些表现好的工人，按照与南卡罗来纳州印刷厂相同的条件，为他们在不同的殖民地分别建立印刷厂。他们中大多数人干得都不错，在六年契约期结束时，他们都从富兰克林手里买下印刷厂，然后开始独自经营，并由此实现了发家致富。■

案例3：从不送礼的"销售女皇"

张立，包装设备行业的"销售女皇"，她的客户包括中石化、中石油、可口可乐、青岛啤酒、中粮……然而，她的销售秘诀之一却是从不送礼。

张立对此解释道："因为不用送礼，我们自然会有更多的时间和精力，在其他方面做得比对手好！我们更用心地了解客户的需求，更详细地了解自己的产品和对手的产品，更有效地与客户沟通，更好地为客户提供售后服务。"

为了敲开可口可乐的大门，张立想尽一切办法，见到了华南地区最大的一家可口可乐工厂的项目负责人梅总。梅总对张立的意大利设备完全没有兴趣，只是出于礼貌见个面而已。

张立很认真地告诉梅总：可口可乐全球总部把全套生产线委托给一家德国公司，而这

家公司并不生产全部的设备，而是把许多环节都分包了出去，这样一来，可口可乐工厂最后得到的价格和服务都不是最好的，其实完全可以改进，各部分单独招标。

张立带来的新思路完全出乎梅总的意料，他开始考虑对生产线分别招标。张立只参加了包装机的竞标，因为可口可乐的生产线曾配备过自己公司 LULU 的包装机，这样中标的胜算最大。当时，张立的竞争对手是家德国公司，德国设备比她代理的意大利设备贵 10%，但客户一直用得非常满意。于是，关于是否要送礼的话题再次被提起。

张立和她的团队坚定地认为：我们不送礼！但必须把 LULU 的设备做到性价比最高，让顾客支付的高价钱，换来的是高质量的产品和高品质的服务！

他们反复对比 LULU 的设备和德国设备在其他国家的使用情况，得出结论：LULU 只是在一些细节上不尽如人意，所以整体声誉稍逊于德国公司，其实完全可以改进。张立带着客户的意见频频飞到意大利，要求 LULU 改善设备细节，并要求技术人员亲自向客户演示改进后的产品，慢慢改变客户对意大利产品不够一流的看法。

反复多次、几近吹毛求疵的改进，弄得 LULU 老板和工程师们烦不胜烦，意大利人忍无可忍地告诉张立：“我们的产品就是菲亚特，你不要当成是法拉利。我就是如大象一样笨重，别指望我像快速列车一样奔驰。”可张立就是不服输，就是要不断推动 LULU 工厂精益求精地改进每一个不足。

张立的努力得到了情理之中的回报，中国最大的可口可乐工厂开始选用她的高速包装设备。在可口可乐成功运行后，这套设备一时成了业内标杆。几年下来，可口可乐、百事可乐的订单忙得她都喘不过气来，仅是一家可口可乐工厂就买了十五六台这样的包装机。

张立和她的团队明白，他们必须永远站在客户的角度，选择最适合的方案，用点点滴滴的努力赢得客户的认可。■

案例解码：

收获职场友谊是一种智慧

有人说，职场上没有真正的友谊，人人都是竞争对手。其实说这话或有这种想法的人，是在潜意识中将职场看成了战场。当你身披铠甲处处设防，怎么可能收获友谊呢？其实，即使是在你死我活的战场上，面对一个势均力敌、值得尊敬的对手，我们也会生出几许敬意和惺惺相惜，更何况在天天共事的办公室里。

职场友谊确实存在。俞敏洪、徐小平和王强三位大学挚友携手奋斗，发挥各自所长，将新东方打造成为英语培训市场上的佼佼者，尽管在此过程中不乏争执；富兰克林在企业中发现和挑选合作伙伴，协助他们发家致富，同时让自己的印刷出版业务也取得了长足发展；张立和她的团队拒绝职场送礼，依靠沟通和努力赢得客户认可……一个个活生生的例子都向我们证明了这一点。

对于职场友谊，我们首先应该有明智豁达的态度。每天亲热的问候、情绪低落时鼓励的语言以及出现问题时同舟共济的努力等，都是职场友谊的表现。如果你因为一个关系不错的同事拒绝帮助你完成你份内的工作，或是在晋升机会面前没有对你谦让，就怀疑职场友谊的存在，那是你对友谊的期待值不正确，并且也没有将心比心。

职场友谊的最大障碍在于心理，只要降低期望值，你就会发现，并非人人都尔虞我诈、斤斤计较。

其次，赢得职场友谊最好的方式是主动的姿态。我们必须相信人是感情动物，天生冷

漠和拒绝并不是人的本质，只要你主动一点，伸出手去，被握紧的可能性远远高于被拒绝。

最后，我们需要了解职场友谊七大忌讳：忌暴躁易怒，忌单打独斗，忌敏感脆弱，忌懒惰，忌搬弄是非，忌邋遢，忌缺乏基本的工作礼貌。

总之，职场友谊是相对比较脆弱的。我们总是期望某个人可以满足我们所有的需求，能够鼓励我们，懂得倾听，提供中肯建议……事实上，不可能有这样的一个人存在。职场上的好朋友也许可以提供工作上的协助，能够体谅你在工作中的困难或不满，但是你不应该期望太多，这样只会为彼此的关系带来压力。

用现实的眼光对待职场友谊才是理性的。如果你能修炼到家，用理智和善意来经营，收获职场友谊并不是梦想；如果做不到也不必叹息，职场之外还有更广阔的天地，总有机会找到志同道合、关系稳固的朋友。■

互动环节

与职级相近的工作伙伴成为好朋友，是最容易也最安全的。然而，当其中一个人成了主管，由于地位与权力发生了变化，你们的友谊也会面临新的考验。

想一想，你该怎样继续维持双方的友谊，又不影响工作呢？■

名人名言

（古罗马）塞涅卡

幸福的时候需要忠诚的友谊，患难的时刻尤其需要。

（英国）培根

如果说，友谊能够调剂人的感情的话，那么友谊的又一种作用则是能增进人的智慧。

（美国）洛克菲勒

在业务的基础上建立的友谊，胜过在友谊的基础上建立的业务。

19

多和父母聊聊天

学习提要

- 知道父母最需要什么；
- 学会和父母做朋友；
- 能够做到认真倾听父母说话；
- 知道从业后如何善待家人。

导入案例

案例 1：养老院墙上的文章

这是一篇从养老院墙上发现的文章：

孩子！当你还很小的时候，我花了很多时间，教你慢慢用汤匙，用筷子吃东西；教你系鞋带，扣扣子，溜滑梯；教你穿衣服，梳头发，擤鼻涕。这些和你在一起的点点滴滴，令我怀念不已。

所以，当我想不起来事情、接不上话时，请给我一点时间，等我一下，让我再想一想……当然极有可能最后我连要说什么，也一并忘记了。

孩子！你忘记我们练习了好几百回，你才学会第一首儿歌吗？是否还记得每天我总要绞尽脑汁，去回答你不知道从哪里冒出来的问题。

所以，当我重复又重复地说着老掉牙的故事，哼着我孩提时代的儿歌时，请体谅我。让我继续沉醉在这些回忆中吧！切望你，也能陪着我闲话家常！

孩子，现在我常忘了扣扣子、系鞋带。吃饭时，会弄脏衣服，梳头发时手还会不停地抖，不要催促我，要对我多一点耐心和温柔，只要有你在一起，就会有很多的温暖涌上心头。

孩子！如今，我的脚站也站不稳，走也走不动。所以，请你紧紧地握着我的手，陪着我，慢慢的，就像当年我带着你一样，一步一步地走。■

案例 2：没有上锁的门

乡下偏僻的小村庄里，有一对母女相依为命。但是，女儿却厌倦了乏味的乡村生活，她向往外面的华丽世界。某天清晨，女儿趁母亲睡觉时偷偷离家出走了。

可惜，这世界并不如她想象中那样美丽动人。10 年后，已经长大成人的女儿拖着受伤的身躯和心灵，回到了故乡。她到家时已是深夜，微弱的灯光从门缝透出来。她轻轻敲了敲门，却没有人应。她继而试着转了转门把手，门一下子开了，她吓了一跳：

“好奇怪，母亲以前从来不曾忘记把门锁上的。”

这个时候，在微弱的灯光下，女儿看到母亲瘦弱的身躯蜷曲在冰冷的地板上，她睡着的模样真叫人心疼。

“妈……”

听到女儿的哭泣声，母亲睁开了眼睛，激动地搂住女儿的肩膀。母女俩抱头痛哭。最后，女儿轻轻地埋怨道：

“妈，今天你怎么不锁门，有人闯进来怎么办？”

母亲回答说：“我怕你晚上突然回来进不了家门，所以，十年来门从没锁过啊！”

这天晚上，母亲恢复到 10 年前的样子，紧紧锁上了房门，安心地睡着了。■

案例3：李嘉诚：百善孝为先

香港富豪李嘉诚是个特别孝顺的人。他捐资港币2000余万元兴建了潮安和潮州医院，捐资港币3000万元兴建了香港李嘉诚专科诊所，以及捐巨资兴建了汕头大学医学院第一附属医院。他之所以这么做，就是为了纪念自己的父亲。

抗战时期，避难香港的父亲患肺病卧床不起，因无力负担医药费而病逝。这悲惨的遭遇使李嘉诚深深体会到贫病乡亲缺医少药的痛苦。父亲去世得早，李嘉诚便以捐建医院来缅怀父亲。

李嘉诚的母亲心地善良，吃苦耐劳，尝尽了人间的一切苦难。李嘉诚深深地敬爱母亲，从走上社会伊始，就痛下决心，认定"吃得苦中苦，来日报母劳"，期望帮助母亲撑起那个负担很重的家。李嘉诚拼搏的时候，母亲就是他的精神支柱，他努力奋斗的唯一目的就是要让母亲过上幸福的生活。

取得成功之后，李嘉诚依然对母亲关怀备至。凡是有人赠送食物，他必定先送给母亲尝尝；他每天派人买活鱼孝敬母亲；母亲病重入院治疗时，他亲自小心翼翼地抱上车、抱下车，生怕加重母亲的痛苦；无论工作多忙，他每晚必到母亲跟前叩安。母亲去世时，他痛哭不已。

每年春秋二祭，李嘉诚必定要去祭拜父母，风雨无阻。李嘉诚曾说："亲情，是一个人善心、爱心和良心的综合表现。孝敬父母、尊敬长辈是做人的本分，是天经地义的美德，也是各种品德形成的前提。""一个人如果不善待自己的母亲，拥有再多的钱都只是行尸走肉，都是最孤独的人。"

李嘉诚的两个儿子都是非常优秀的企业家，在父亲的言传身教下，他们也十分孝顺。深圳卫视的专题纪录片节目《解密——首富李嘉诚》中曾曝光李嘉诚的家庭饭局。视频中，李嘉诚和两个儿子坐在一张圆桌上，桌上摆着四菜一汤，每个餐盘上还摆着公用的勺子。李嘉诚拿起勺子，一边盛菜吃饭，一边和两个儿子聊着家常，谈笑风生。

作为顶级富豪，李嘉诚绝对是一个大忙人，他的儿子也非等闲之辈，都有自己的事业需要打理。但是，李嘉诚定下规矩：无论工作多忙碌，每个星期一晚上，一家人一定要聚在一起吃饭。

"以前百分之九十九的时间，我教他们做人的道理，现在有时间，也会谈论生意。"李嘉诚在视频中说，"现在三分之一的时间是谈论生意，三分之二的时间，依然教他们做人的道理。"

后来，这段两分钟的视频被《羊城晚报》等多家媒体的官方微博转发，引起社会热议。■

案例解码

感恩父母

人们常说：父亲之情高于山，母亲之情深于海。父母对儿女的爱是最无私、最博大的，是世间唯一一种不计回报、全心全意的爱。这种爱，不需要大声宣告，它就在日常生活的点滴之中，却可以让世间所有的感情黯然失色。

正如《不上锁的门》所表现的那样，是伟大的母爱、家的温暖给了女儿希望。在这至真至爱的感召下，误入歧途的孩子还有什么理由不回家呢？

《养老院墙上的文章》让我们对父母之爱有了更深切的感受：父母亲总是将最好、最宝贵的留给孩子，自己却燃尽青春之光，两鬓霜花，慢慢变老。能够享受父母的爱，应该是世界上最幸福的人。可是作为儿女，给予父母的又是什么呢？

我们年轻人应该扪心自问，你给父母买的第一件礼物是什么？你多久给父母打一次电话？节假日，你通常选择出去游玩，还是回家陪伴父母？你会牺牲工作时间，照顾生病的父母吗？也许你会以一个理由解释这所有问题，那就是——忙。

很多年轻人，要么忙于工作，要么忙于经营自己的小天地，难得回家一次也只顾着和朋友、同学聚会，很少有时间陪伴家里的长辈和老人。就算逢年过节和长辈们坐在一起吃饭，也常常会自顾自看手机。

李嘉诚的家庭聚餐规定让我们看到：对待家人的态度，显示出一个人真实的人品。尽管我们不能像李嘉诚那样给父母富足的物质生活，但是完全可以拥有一颗感恩的心，不以“忙碌”为借口而忽视父母的存在，冷落父母的情感。

我们应从寻常小事做起，在力所能及的情况下，把自己的感恩、尊敬、关爱传递给他们：在父母寂寥孤独时，多陪伴在父母身边，拉拉家常，为他们做做饭、刷刷碗、洗洗衣

服、倒杯热茶，让他们享受天伦之乐；在父母生日时，献上一句祝福；在父母劳累时，为他们揉揉肩、捶捶背；在父母烦心时，乐意去倾听，减少他们的压力；在父母身体不舒服时，及时捧汤药；在父母暗淡无光的衣橱里，添上一两件崭新的衣衫；在父母闲暇时，安排一次美好的旅行……

其实，父母最需要的不是金钱，不是物质，不是锦衣玉食的生活，他们需要的是儿女的关爱、理解和陪伴。感恩父母，不需要复杂的程式，一个问候电话、一次家庭聚会，父母都会觉得十分满足。

孝敬父母是中华民族的传统美德，“百善孝为先”是人们立身处世最基本的道德规范。因此，用心孝敬父母，是每个人必须做到的。■

互动环节

“天下最不能等待的事情莫过于孝敬父母。”步入老龄化的父母，在生活上、精神上越来越需要子女孝顺，而孝顺父母不需要惊天动地的“大手笔”，只需简简单单的细微动作。回想一下，在过去的一个月里，你曾经为父母做过什么，想一想还有什么能够做到的，赶紧记下来，为自己设定一个孝顺父母的日常计划吧。■

名人名言

孟子

惟孝顺父母，可以解忧。

（德国）歌德

我们体贴老人，要像对待孩子一样。

林语堂

一个天生自然的人爱他的孩子，一个有教养的人定爱他的父母。

20

与大自然和谐相处

学习提要

- 理解珍惜资源、保护资源，人与自然和谐相处；
- 合理利用与节约利用职场自然资源；
- 节能减排在职场。

扫码进入名师课堂

导入案例

案例 1：21 世纪绿色建筑的典范

在德国波恩风景优美的莱茵河畔，矗立着一座高 162.5 米的全玻璃、钢结构建筑。这就是德国著名的邮政公司新总部大楼——德国邮政大厦。

该大楼由世界知名建筑师 Helmut Jahn 设计，充分利用了周边的景观资源。大厦分为南北两个对立并错开 7.2 米的半壳，两个半壳之间是一个中庭，每隔 9 层就有一个以玻璃为地板的“空中花园”相连；大厦内每个工作人员几乎都能靠窗办公，城市和自然景观一览无余，使得办公舒适度最大化，大大提高了工作效率。

最令人称道的是精心设计的大厦幕墙系统，采用了双层玻璃幕墙，通过自然通风、自然采光以及太阳能智能控制系统，不仅实现了通风、隔音、防雨防风等功能，还能调节楼内温度，达到外部条件与内部舒适度之间的平衡，并使所需技术设备最少。

此外，这种双层玻璃幕墙透明度高，在视觉上给人以透明中点缀着金银丝的感觉，十分美观。

有人曾用“在风中呼吸”来形容邮政大厦的通风系统。大楼无须使用中央机械系统，全年可以通过两个半壳之间的空隙实现通风。办公楼层则利用这个空隙作为进气口并以内部空中花园作为排气口，从而省去了送风井。大楼并未设置专门的机械楼层，而是把进气装置分散安装在各楼层地板下的标准对流器里。

大厦南面的幕墙略为倾斜，便于在外部温度较高时保证良好的气流。在南北幕墙之间安置有活动折板，便于对楼内通风进行集中控制。大厦的自然通风功能不仅减少了机械设备，同时还带来了 1000 平方米的额外可租用空间。

大厦内部设计也利用了一系列节能高效的高科技配置：每个房间都装有 LonWorks 的触摸屏，可以通过人工设置参数的方式控制各房间的温度、窗帘的角度、照明系统和风扇的速度，达到理想的舒适度；自动窗帘系统能在必要的时候自动遮蔽强烈的阳光；自动照明系统确保只有房间处在使用状态才会启动照明，并可根据日光强弱调节室内亮度；HotDesk 系统可以随时启动掌上电脑、各种可移动设备，以及楼内的电力、通信，人们在楼内可以随时随地开始工作；水空调系统利用大楼靠近莱茵河的地理优势，抽取河水通过管道系统处理后，对大楼进行供暖和制冷，用过的水简单处理即可排入莱茵河，几乎没有污染。

大楼负责人介绍说：“当初为了保护环境做出的投资非常值得。50 年内，用于大楼运转的能耗大概只有当初总投资的 1/3，而在同样时间内，普通大楼的供热、制冷、照明能耗，将会占到 75%。”

德国邮政大厦代表了全新的设计理念，它凭借全方位的高性能设计，获得了世界高层都市建筑学会颁发的十年奖，已然成为 21 世纪绿色节能建筑的典范。■

案例 2：绿色钢铁，让世界更美好

走进位于上海宝山区的宝钢厂区，弥散在空气中的淡淡花香扑面而来。绿树掩映之中，一丛丛不知名的花朵竞相争妍，成群的鸟雀慵懒地停歇在枝头，上百头梅花鹿悠闲地在厂房前绿色的草坪上散步，如果不是偶尔闯入视野的银色管道与钢铁支架，还真以为是误入了某个公园深处。

作为中国现代化程度最高的钢铁联合企业，宝钢在环保节能方面的成就同样令人瞩目。早在国家大力推行节能减排政策之前，宝钢已经高瞻远瞩，开始了自觉的行动。

经过 20 年的探索改造，宝钢已建成全过程能源管理系统。通过能源中心计算机控制，对能源介质实行统一平衡，集中调整、分配与管理，实时协调各单元之间的能源介质供需量，大大提高了能源管理水平。更重要的是，它有效降低了能源的损耗，减轻了城市环境污染。

宝钢围绕节水、节能、减排二氧化硫和烟粉尘等工作，分别组建了专项工作推进小组，积极推进节能减排工作向更深层次、更精细化发展，不放过每一个细节，取得了明显成效。

针对钢铁企业是用水大户，宝钢研发了 Pinch 技术，对废水进行回收利用；推行水资源按质分配、合理使用、串接利用等一系列节水技术；通过有效管理减少各工序水量损失，减少对新水的取用，尽可能节约水资源。

除节水节能之外，宝钢已经全面启动烟气脱硫项目，不仅降低了公司的二氧化硫排放指标，还大幅度减轻了粉尘污染。

此外，淘汰落后产能与使用清洁能源，也是宝钢节能减排的有效举措之一。应用先进的节能技术与装备对老企业进行改造，淘汰高能耗、重污染的生产单元，关停燃煤锅炉、煤气发生炉等生产设备，加大天然气的使用量，优化公司的能源使用结构。

所有这些措施，虽然使宝钢在原料成本上失去了竞争优势，却换来了低能耗、低排放的环境效益，极大改善了公司及周边地区的环境面貌。

“不见烟雾漫天，唯看白云悠悠；未闻噪声阵阵，且听鹿鸣呦呦。”这是宝钢的环保宣言，也是宝钢多年来自觉践行节能减排，注重可持续发展的成效的体现。■

案例 3：“绿领”的时尚生活

时下越来越多的人给自己贴上了“绿领”的标签，倡导一种低碳、环保的工作和生活方式。

绿色办公从小处做起

每天上班，海归白领小叶都会坚持走楼梯到 8 楼的办公室。“爬楼梯不仅可以轻松绕过上班高峰期在电梯口等待的人群，还能锻炼身体，省去了去健身房锻炼的费用，低碳又环保。”

对小叶而言，爬楼梯只是她每日“绿色办公”的序曲。一进办公室，小叶第一件事就是给桌上的花花草草浇水。“办公室全年开着中央空调，空气干燥，以前我们都是用加湿器，但是需要用电，不够环保。”为了坚持“绿色办公”，小叶买了一大堆芦荟、绿萝摆放到办公室。“这些植物是最自然的空气清新剂，不但低碳环保，每天看着它们心情也舒畅。”

在小叶的倡议下，不少同事也开始在日常办公的点点滴滴中注意低碳环保：坚持双面打印，尽量不用一次性纸杯，午休时关灯、关电脑……

来一场“低碳派对”

在徐家汇上班的小杨也是坚定的低碳环保践行者，保持着每个星期坚持三天素食、购物时拒绝一切过度包装的商品等习惯。

前不久，她策划了一场别致的“低碳生日派对”。每个细节都遵循低碳原则：着装上，出席派对的朋友们都得穿浅色的粗布衣服，因为浅色衣物所耗费染料少，有利于环保；出行方式上，朋友们不开车、不“打的”，住得近的骑自行车或步行，住得远的则乘坐公共交通；派对只提供清淡素食，饮料也只是简单的白开水；在表演环节，“寿星”小杨和朋

友们也坚持以不插电的方式进行庆祝，而清唱的歌曲别有一番韵味。

给自己设“无车日”

家住宝山的陆先生，原先特意买了辆车方便上下班。可前不久，他从车库里推出了“尘封已久”的自行车。只要时间不是特别急，或是遭遇大风大雨，他都会笃悠悠地骑着自行车上下班。虽然夏天热、冬天冷，卢先生依然坚持了下来，并乐在其中。

“以前没怎么留意汽车尾气对环境的污染，后来渐渐意识到了这个问题的严重性。”陆先生说，“3 公里的路程骑自行车也用不了多少时间，既能锻炼身体，也能避开高峰拥堵，还能为城市环保尽一份力。9 月 22 日是真正的‘世界无车日’，我还要给自己设定更多的‘无车日’。”

在志同道合的“绿领”们看来，低碳生活不仅节约了开支，而且与环境进行了力所能及的正面互动，在善待自己的同时也善待了环境。■

案例解码

做一名节能环保的“绿领”

如今，快速发展的经济和日益糟糕的环境之间的矛盾越来越凸显。全球关于保护环境、拒绝污染的呼声越来越高，节能环保的重要性有目共睹。

节能环保是一个广义的名词，是绿色低碳转型、生态文明建设、自然和谐共存的重要构成要素，它和每个行业、每个企业、每个人都息息相关。

建筑是人类生活、工作、娱乐的主要场所，但是建筑从规划设计开始，到施工、运行，每个阶段都伴随着资源利用、能源输入，以及废水、废气、废物的排放。随着城市化进程的加快，人们意识到应在建筑的设计和使用上，最大限度地节约资源，保护环境和减少污染，为人们提供健康、适用和高效的使用空间，与自然和谐共生。

德国邮政大厦就是“绿色建筑”这一理念的践行者，它以人、建筑和自然环境的协调发展为目标，在利用天然条件和人工手段创造良好、健康的办公环境的同时，尽可能地控制和减少对自然环境的使用和破坏，实现了向大自然索取和回报的平衡。

节能环保对高耗能、高污染公司的要求更加严格。地处上海的宝钢比业内其他企业更早意识到这一点，主动跨入了国际钢铁环保队伍。通过能源集成化管理、安装节能设备、减少污染排放等一系列举措，宝钢的主要节能环保指标在国际同类钢铁企业中已达到一流水平。对宝钢而言，要建成国际化一流钢铁企业，首先考量的就是节能减排做得怎么样，是否符合科学发展观。这是宝钢的现实压力，也是宝钢的发展动力。

很多企业在做好自身节能减排的同时，向员工发起了“绿色办公”倡议，让节能减排成为与每个职场人密切相关的事情，得到了积极响应，越来越多的人自觉培养了绿色办公习惯。

成为一名职场“绿领”并不难，可以从以下小事做起：

●平日采用双面打印，减少纸张消耗，推进无纸化办公。

●办公尽量多用自然光，照明选用节能灯，按需开灯，人走灯灭。

●减少电脑、打印机等办公设备的待机能耗，工作结束及时关闭室内电源。

●严格执行室内空调温度设置标准，夏季不低于26℃，冬季不高于20℃。

●提倡自备水杯，少饮瓶装水，减少一次性制品的使用。

●倡导绿色出行，如步行、骑单车、乘坐公共交通工具等，减少排放。

●多走楼梯、少乘电梯。

●办公场所严格控烟，推行垃圾分类，保持卫生，适当绿化。

●节约用水，提倡循环用水，减少污水排放。

别看不起这些微不足道的小事。研究发现，拥有“绿领”习惯的人，生活态度更为健康和积极，在职场上更受同事欢迎，工作开展得更加顺利。少用一张纸，少开一盏灯，在不影响工作效果的情况下，这些一点一滴的小习惯，都将积累出可观的效果。

“绿领”不关乎财富，但能体现素质。或许将来的某一天，是不是“白领”并不那么重要，做一名称职的“绿领”才是时尚。■

互动环节

测一测，了解自己的“绿领”程度。

（1）你是否拒绝使用一次性餐具？（是：1分，否：0分）

（2）你是否随手乱扔垃圾？（是：0分，否：1分）

（3）你是否会在周末安排户外活动？（是：1分，否：0分）

（4）你是否出门一定要开车或打的？（是：0分，否：1分）

（5）你是否频繁更换新款手机？（是：0分，否：1分）

（6）你是否关注过报纸有关环保方面的话题？（是：1分，否：0分）

（7）你在超市购物时是否用自己准备的布袋？（是：1分，否：0分）

（8）你是否理解和支持公司提出的节约能源的制度？（是：1分，否：0分）

（9）你是否习惯购买奢侈品？（是：0分，否：1分）

（10）你是否随便丢弃旧电池？（是：0分，否：1分）

（11）你是否尽量减少外出就餐的机会？（是：1分，否：0分）

（12）你是否关心食品的保质期？（是：1分，否：0分）

答案：

A. 标准绿领（10 ~ 12分）

你具备良好的绿色环保的生活习惯，而且会积极地向朋友倡导这种生活方式，你的行为经常会引起朋友的关注，并把你当成学习的榜样。

B. 准绿领（6 ~ 9分）

对于大众化的一些该做或不该做的事情，你有一定的把握，某些事情只是你无意识的行为，只要你留意一下自己的生活方式，就会向绿领靠近。

C. 非绿领（0 ~ 5分）

你必须尽快改善生活习惯，不仅因为有些事情已伤及你的身体健康，而且你的许多生活习惯已对大自然造成伤害，你可以不去追赶绿领时尚，但是，至少必须停止伤害我们的大自然。■

名人名言

庄子

天地与我并生，而万物与我为一，天人合一。

（德国）马克思

不要过分陶醉于我们人类对自然界的胜利。对于每一次这样的胜利，自然界都要对我们进行报复。

（美国）梭罗

心灵与自然相结合才能产生智慧，才能产生想象力。

职场成功篇

21

职场成功并不像你想象的那么难

学习提要

- 理解职场成功的难与易；
- 明白一次职场成功意味着什么；
- 明白职场成功的要素。

导入案例

案例1：成功就是反复练就基本功

达·芬奇是意大利文艺复兴时期的美术家，同时他还是一位未来学家、建筑师、数学家、音乐家、发明家、解剖学家、雕塑家、物理学家和机械工程师。他出生于意大利佛罗伦萨城附近的芬奇镇，父亲是当地的律师，母亲很早就去世了。

达·芬奇从小就聪明，爱好广泛，尤其喜欢画画。课余时间，他最大的爱好就是画画。他经常在地板上、墙壁上画出栩栩如生的蝙蝠、蛇、蜻蜓、蚱蜢……画什么像什么。父亲见了，非常开心，旁边的人也都竖起大拇指，亲切地喊他是“小画家”。

达·芬奇的父亲本来不想让孩子学画，希望他子承父业，成为一名公证人员。但达·芬奇非凡的画艺，征服了固执的父亲。在他16岁那年，父亲把他送到了当时的欧洲艺术中心佛罗伦萨，拜当地有名的画家、建筑师和雕塑家费罗基俄为师。

这位老师对学生要求非常严格。学徒初始，他既不讲授理论，也不叫学生临摹，只是给学生一个鸡蛋，让学生照着画。刚开始时，达·芬奇对画鸡蛋很有兴趣，每天都认真作画，并且每画好一幅，就请老师指正然后再修改。可是，这样天天画蛋的日子持续了两个星期，达·芬奇有点不耐烦了。他认为，就一个鸡蛋，用得着画那么长时间嘛，而且画来画去，不都差不多模样嘛，根本提高不了多少画艺。于是，他画蛋的时候越来越马虎，越来越不上心，心情也很低落。

终于有一天，老师神情严肃地批评他说：“你这些天为什么不认真画蛋了？”达·芬奇嘟嘟囔囔地回答：“老师，我觉得那鸡蛋没什么可画的，天天画，都画烦了！”老师耐

心地解释道：“你如果想成为一名伟大的画家，就必须经过枯燥的基本功训练，而画蛋就是在锻炼你的基本功。你可别小瞧画蛋这个活，它可一点都不简单啊！你觉得画来画去，鸡蛋都长得一个模样，那是你没有对它认真观察。你去鸡窝里看看，是否能找出两个完全一模一样的鸡蛋？我告诉你，是找不出的。再说了，对着一个蛋，你眼睛看低一点，头抬高一点，角度再略微调整一下，看到的鸡蛋就完全不一样。你要在纸上将这些看似一模一样的东西表现出来，可得下一番苦功啊！我让你天天画蛋，是要训练你的观察能力，训练你对事物细微差别的表现能力。我希望你通过反复画蛋，做到手眼协调一致。长此以往，你画任何物体、任何形象都能应付自如。”

听了老师的教诲，达·芬奇终于懂得了其中的道理，领悟到观察和描画任何物体，都需要具备持久的毅力和耐力，以及细致认真。从那以后，达·芬奇不停地练习基本功，他每天一大早就对着鸡蛋画起来，直到夜深人静了，仍然对着鸡蛋画。经过 3 年的努力，达·芬奇的技艺大长，他画的鸡蛋各具形态、惟妙惟肖，对色彩的感觉敏锐了，对线条的把握准确了，手中的画笔也能绝对服从自己的意志了。老师看了非常满意。

就这样，达·芬奇在六年的学画生涯中，打下了坚实的绘画、雕塑基本功，后来画出了《最后的晚餐》《蒙娜·丽莎》等不朽的作品。■

案例 2：站起来比倒下去多一次就是成功

美国密歇根州的一个男孩 7 岁开始上学，但仅仅三个月就被老师撵出了校门，因为所有的老师都认为他是低能儿。这让父亲非常苦恼。因为之前已经有两所学校不愿意录取他的儿子了，为此还搬了两次家。好不容易有学校愿意接受他，结果也没超过三个月。

从学校退学后，母亲就成了男孩的家庭教师，耐心地教他读书。然而，父亲却认为，孩子一直跟随母亲，受母亲影响太大，比如走路软弱无力，说话柔声细语，遇到麻烦时畏首畏尾，忍气吞声，没有一点男子汉气概，父亲认为这一点比智力低下更可怕。

于是，父亲想到一个点子，请了一位有名气的拳击教练，来帮助自己将儿子打造成真正的男子汉。教练仔细打量了这个孩子后，坚定地对父亲说："你就放一百个心吧，半年后，保证你看到一个真正的男子汉站在面前。不过有一个条件，就是这期间，不准你们来打扰。"

6 个月之后，父亲来到拳击训练馆接孩子。为了展示一下这半年来自己对男孩的训练成果，教练让男孩与一位有经验的专业拳击手进行了一场对决。专业拳击手每出一次手，男孩便应声倒地，不过他总是能立即站起来，并接受挑战。就这样，倒下去又站起来，又被打倒在地，来来回回一共 16 次，孩子被打得鼻青脸肿。然后，拳击教练问旁边看得一愣一愣的父亲："现在你觉得你儿子够男子汉气概了吧？"

被拳击教练一问，父亲脸红极了，羞愧地说道："唉，他的表现实在惨不忍睹。没想到，在这训练了半年，还是这么不经打，一点还手能力都没有。"教练听后无奈地说："很遗憾，你只是在意表面的胜负。并没有看到你儿子内在的东西，尤其是那种被打倒又立刻站起来的勇气和毅力。你以为一味地进攻就是男子汉气概，其实真正的男子汉气概是那种不会被失败吓倒的精神。只要站起来比倒下去多一次，就是成功。"

后来，男孩离开了拳击训练馆，四处谋职。1869 年 6 月，他来到纽约寻找工作。当他

在一家经纪人办公室外等候时，该办公室的电报机坏了。正巧，所有在场的人，只有他能修好电报机。于是，该公司给了他一个比心里预期更好的职位。在这里，他发明了印刷机，并用自己的名字命名。后面的几年，他还发明了二重、四重电报机，并与人合作发明了世界上第一台打字机。

1877 年，他对贝尔发明的电话机进行了改进，并投入了实际使用。他还发明了留声机，那是他最为心爱的一个机器。同时，他还研究电灯，经历过无数次失败后，依旧没有被打倒，终于在发明留声机的同时，对电灯的研究也取得了突破性进展。

两年后，他终于点亮了第一盏真正有广泛使用价值的电灯。在这些发明过程中，他经历了无数次失败，但都没有放弃，因为有一股强大的力量在支撑着他。他坚信，站起来比倒下去多一次就是成功。

为了延长灯丝的使用时间，达到耐用的目的，他又重新研究，并反复试验，大概试用了 6000 余种纤维材料，终于发现了一种可持续 1000 多小时的发光体——日本竹丝。这一发明给全人类带来了一片光明，而他就是伟大的发明家爱迪生。■

案例 3：敢闯敢干的小个子

1964 年 9 月，马云出生在杭州一户普通人家。他从小功课就不太好，初中毕业时想考个二流高中，结果连考两次都没考上，原因之一就是数学太差。马云的数学虽然极差，英语却奇好。上初中时，马云就当上了英语导游，骑着自行车带着老外满杭州跑。

第一次参加高考，马云数学只得了 1 分。他觉得自己根本就不是上大学的料，只好去打工，每天蹬着三轮车给人运送各种货物。第二次高考，数学考了 19 分，仍然没有考上。然而，连续两次高考失利，并没有击倒他，反而让他越战越勇。他跟父母提出继续复读一次，

但没有得到认可，于是他便一边复习一边打工。下班后和休息日是他复习的好时机，并且，为了找一个好的学习环境，他不惜骑车一个多小时到浙江大学图书馆复习。

第二年，马云参加了第三次高考。这次他的数学成绩虽然比之前提高不少，破天荒达到了79分（满分120分），但依旧比本科线差5分，总分仍属于专科线。就在马云准备进杭州师范学院读专科时，该校的英语本科专业招生没有满额，于是，英语成绩最好的马云被调配到了本科学习。算是不幸中的万幸。

四年后，马云大学毕业。他被分配到杭州电子工业学院教外语，成为同届学生中唯一一个分到大学任教的本科生。由于大学教师时间比较灵活，他就利用工作之余的闲暇时间，进行兼职，如创建“海博翻译社”，在西湖边成立杭州第一个英语角，到义乌批发小商品，为外国游客当导游……几年下来，钱没赚多少，但马云却出名了，尤其是他超强的活动能力，给人留下了深刻的印象。

不久，一家公司找到马云，说自己与外商有个合作项目，想聘他为翻译，帮公司到美国去收账。于是，马云踏上了去美国的路。而这次美国之行，却是改变马云人生路的契机。先是收账时，美国商人想赖账，将他关在一个禁闭房间，两天后才出来。后来他找到西雅图的一个朋友，在朋友那里，他第一次接触到了互联网。回忆起这次接触互联网的感受，马云说：“当时真是惊呆了！太神奇了！我都不敢碰电脑上的按键，生怕弄坏了，谁知道这玩意儿值多少钱。这要弄坏了，我可赔不起！”这次的美国之行，给马云打开了一个全新的世界！

回国以后，马云做出了一个冒险的决定。他毅然辞去了人人羡慕的大学教师的工作，借了2万元钱，开办了中国第一家互联网商业信息发布站“中国黄页”。1997年，马云带领他的团队，加盟了国家外经贸部中国国际电子商务中心。两年后，马云回到家乡，在杭州创办了国内第一家电子商务网站——阿里巴巴网站。

马云创造的阿里巴巴在后面几年的发展，世人皆知：世界各路投资纷纷涌入；全球百万商人在网站上交易；2003年，创建了拥有全球时尚前沿的消费者网上购物集市“淘宝网”；2004年，推出网络交易支付平台“支付宝”等，支撑起了马云的互联网王国！■

案例解码

只要努力了，就没有你做不到的事情

达·芬奇在学艺之初被安排天天画蛋，这让他非常想不通，在坚持了一段时间后，他开始胡乱搪塞，敷衍了事。经过老师的谆谆教导，达·芬奇这才恍然大悟，从此天天早起训练自己的基本功，终于练就了高超的绘画技艺。

试想，如果达·芬奇没有坚持画蛋，而是半途而废，他还能取得后面的成就吗？如果他没有在画蛋的过程中，锤炼自己的基本功，没有区分细微差别的观察能力，他能成为意大利的天才画家吗？显然是不能的。

小时候的爱迪生，资质并不佳，甚至被老师斥为“低能儿”，被学校评价为“智力低下”，被父亲认为是“缺乏男子汉气概”，就是这样一个人，最终成为伟大的发明家。他靠什么获得了成功？我想，除了勤奋、毅力等，还有就是那句“站起来比倒下去多一次就是成功”的信念。

马云，大家肯定熟悉，然而他的创业道路并不平坦。年轻时候的他，自身的发展有着诸多局限，尤其是数学成绩。然而，他总能拨开云雾，见得月明。接触了互联网后，他看准商机，在中国大胆发展了互联网。他的成功靠的又是什么？足够的努力！他的创业路上有艰难险阻，有磕磕碰碰，但他都努力克服，坚信只要够努力，那么就一定会成功。

这三个案例，给予我们诸多启示。

（1）成功，其实很简单。

成功，是这个时代最引人注目的话题。一闭眼，我们眼前就会跳出无数个“成功者”的模样，一个又一个成功者的故事我们更是耳熟能详。然而，对“成功”我们是否有更清

醒的认知?

什么是成功?有人说,赚很多钱就是成功;有人说,事业辉煌就是成功;有人说,家庭幸福就是成功;也有人说,精神富有、人格健全,也是一种成功。有人认为成功要付出常人难以想象的努力才有机会,也有人认为成功离我们很远,成功是少数人的专利,成功故事的主角只能是别人。然而,成功到底是难还是易呢?

其实,成功很简单。只要达成预期目标就是成功,一件简单的事情重复做好也叫成功,只要自己努力了,站起来的次数比倒下去的次数多,那就是一种成功。然而,成功既简单,其实也不容易。事情是否达到了自己的预期,自己的努力是否达到了要求,是否敢于面对失败……这些说起来容易做起来难。

(2)每个人心中的成功标准不一。

成功的标准是怎样的?有这么一种成功是大家认同的,那就是对自我或困难的挑战,这种成功就是一种内在的成功,它凭借着意志克服难关,一步步地自我完善与挑战极限,不断地进行追赶与自我超越,既不断呈现自我价值,也以这种价值影响别人。自我成功的人,能做出有益于自己与别人的事情,能活出意义,不断前进,他们从不放弃自己的梦想与目标,既活得脚踏实地,又活得精彩。我认为这样的成功是真正的成功。

人生只有追求才有意义,有追求就必定有目标,有梦想。追求是一回事,成功与否是另一回事。但只要付出了,我们的人生就会变得更为精彩。成功,在每个人的心中都有不一样的诠释。的确,在这个世界上,职业并没有什么高低贵贱之分,不管你干什么,只要你真心付出,并努力去做,你就能得到别人的尊重。哪怕只是一个小小的餐厅服务员,只要你把它做到了极致,这就是成功!

(3)成功离不开四大要素

综观这么多案例,我们总结出了几个成功的要素,不是说具备了这几个要素就一定能成功,但成功离不开这些要素。

首先是目标。目标是人生的导航灯。没有目标,成功当然就无从谈起了。一个成功的人,是能不断完成自己目标的人。一个人可能会有很多目标,生活、工作、学习、情感各

方面都会有，当他一步步完成自己的一个个目标时，我们就可以说，他是成功的。没有目标，我们就几乎失去了所有能帮助我们成功的因素，我们会同时失去机遇、好运、别人的帮助与支持。

第二是专注。即“一生只做一件事”。如果我们有 10 年、20 年、30 年甚至 40 年的时间去做这一件事，有什么做不成的？即使做不成，我们距离目标也不会太远。一个人的精力是有限的，把精力分散在好几件事情上，不是明智的选择，而且不切实际。如果大多数人集中精力专注于一项工作，他们往往能把这项工作做得很好。

第三是勤奋。天才，就是百分之一的灵感加上百分之九十九的汗水。成功来自勤奋，只要你真正勤奋努力，就一定会得到理想之果。成功与勤奋是密不可分的，如果想获得成功就必须勤奋。俗话说“一分耕耘，一分收获”，没有辛勤的付出哪能有成功的硕果。成功的路上无捷径。其实，很多成功人士都不是什么神童、天才，只是由于他们比别人更爱学习，不懂就问，深入思考，并且能在别人玩耍的时候多挤出时间刻苦学习、实践。

第四是执着。生活中，人们很多时候都会面临这样的选择：是坚持下去还是选择放弃。这样的问题常常困扰着人们。如果是弱者，不仅会选择放弃，而且会找出很多理由为自己辩解；如果是强者，就会选择坚持不懈，哪怕结果是失败也要搏上一搏。执着者不一定成功，但成功者一定执着。任何伟大的事业，成于坚持不懈，毁于半途而废。执着是人生难得的高贵品质，是人生取得成功的重要因素。相信自己的意志和能力，勇于接受挫折和考验，不仅能获得丰厚的回赠，还会不断开发自己身上的潜能，甚至产生奇迹，最终获得成功。■

互动环节

（1）你认为成功是偶然还是必然？

（2）以上三个案例有什么共同之处？■

名人名言

（法国）卢梭

成功的秘诀，在于永不改变既定的目的。

（美国）爱默生

自信就是成功的第一秘诀。

（英国）达尔文

我之所以能在科学上成功，最重要的一点就是对科学的热爱，坚持长期探索。

（古希腊）苏格拉底

最有希望的成功者，并不是才干出众的人而是那些最善利用每一时机去发掘开拓的人。

（英国）莎士比亚

本来无望的事，大胆尝试，往往能成功。

22

担当起你的责任

学习提要

- 明白职业责任重于泰山；
- 理解员工职业责任与企业效益；
- 理解工作责任心与诚实执行力的重要性。

导入案例

案例 1：八十年前的一个承诺

在武汉市鄱阳街 53 号，坐落着一座六层的古老建筑，它就是建于 1917 年的景明大楼。此楼外观十分简洁，没有多余的装饰，内部布局紧凑，功能简单合理。整幢楼给人非常庄重、沉稳、坚固的感觉。细看又能发现，檐部和阳台等都做过细致处理。

简单的一幢楼，承载了很多耐人寻味的故事。

辛亥革命后，汉口逐渐兴起了四至五层（少数六至七层）的近代意义上的建筑设计，即钢筋混凝土结构的大楼建筑。20 世纪二三十年代，汉口的这种建筑基本上都是由外商经营的“洋行”承包建筑设计。当时武汉的外商建筑设计洋行有三义洋行（英）、景明洋行（英）和义品洋行（比利时）等，其中景明洋行最为著名。

景明洋行是武汉近代最重要的建筑设计机构之一，给武汉留下了许多优秀的建筑设计作品，如银行、饭店、影院、工厂、洋行、商场、高级住宅等，类型非常丰富。这些建筑构成了当时武汉建筑发展的一个缩影。

1921 年，景明洋行在鄱阳街青岛路口（原为 49 号，现为 53 号）为自己设计建造了一座六层大楼。这栋大楼属于现代风格，据说盖房花掉白银约 8 万两，外装修又花掉约 6 万两。

第二次世界大战后，在汉口经营多年的英资建筑设计机构景明洋行停办，景明大楼改为外侨公寓，后来为武汉市民主党派地方组织使用，更名为民主大楼。

20 世纪末，这座“景明大楼”在悠长岁月中走过了 80 个春秋。一天，这座大楼的业主收到了远方寄来的一封信函，函件上面写着：景明大楼为本事务所在 1917 年所设计建造，设计使用年限为 80 年，现已超期使用，敬请业主注意。

这封函件的内容曝光后，世人为之震撼。80 年前盖的楼房，不要说设计者，连当年施工的人可能也早已过世。竟然还会有人操心这栋楼的安危，而且操这份心的还是远在异国的这栋楼的最初设计事务所。这是怎样一种品质，能促使一个人、一群人、一个在时空中更新换代了几茬人的机构，虽经历了将近一个世纪的变迁，仍然严格守着 80 年前的一份责任、一个承诺？时间虽然在变，人也在变，但是，这份责任却没有随着时间的流逝而消失。

而后，景明大楼接受了完整的修葺，现在已被武汉市作为近现代重要史迹及代表性建筑，于 1998 年列为武汉市文物保护单位，2008 年被列入湖北省第五批文物保护单位名单，2010 年公布为武汉市优秀历史建筑，目前保存状况良好。■

案例 2：35 个紧急电话

一天，一位名叫基泰丝的美国记者来到日本东京，她准备给住在东京的婆婆准备一份见面礼。于是，她便前往奥达克余百货公司买唱片机。听说是要作为礼物送出的，售货员特地挑了一台尚未开封的新机子，并笑容可掬、彬彬有礼地递给了基泰丝。看到服务员服务这么周到，基泰丝没有打开包装便开心地走出了商店。

当基泰丝回到住处，她还是不放心，决定拿出来拆开包装试用一下。结果发现唱片机内件没装，根本没法使用。基泰丝顿时火冒三丈，愤怒不已，一台新机器还能出现这种问题？难不成这售货员的服务态度都是装出来的？准备隔天一早到百货公司去找他们算账，并迅速起草了一篇新闻稿“笑脸背后的真面目”，准备投递到报社，曝光这家百货公司的卑劣行径。

第二天天刚亮，基泰丝就被一阵门铃声吵醒了。打开门一看，两个素不相识的陌生人站在门外，正当基泰丝纳闷时，对方自报家门。原来，一个是奥达克余百货公司的总经理，一个是商场客服部主管。他俩一个劲儿地向基泰丝赔礼道歉，这下把基泰丝搞懵了，一是她没想到他们能跑过来赔礼道歉，二是他俩到底怎么找到她的？在基泰丝的追问下，那位客服部主管打开记事簿，讲述了大致经过。

原来，昨天下午百货公司清点商品时，发现售货员不小心将一个空心的货样卖给了顾客。这可怎么得了？这可是关系到顾客利益和公司信誉的大问题，非同小可。于是，客服人员赶紧向上级汇报，总经理立即召集相关人员商议，进行危机处理。经过核验，只有两条线索可循，一是顾客的名字，二是基泰丝留下的一张美国快递公司的名片。要根据这两个信息寻找基泰丝的住处，无异于大海捞针。但是，不管如何艰难，总经理还是要求大家立即打电话询问。鉴于基泰丝还在东京，于是他们赶紧打电话向东京的各个宾馆询问，结果查无此人。然后，他们又照着美国快递公司名片上的电话打了过去。深夜公司接到回电，得知了基泰丝美国父母的电话号码。然后又电话至美国，得到东京婆婆家的电话号码，这下终于找到了基泰丝的落脚地。这期间总共拨打紧急电话 35 个。待主管说完这次事件的整个过程，总经理将一台完好的唱片机加一张唱片，以及一盒蛋糕递到基泰丝手上，并再次鞠躬致歉后离去。

基泰丝此时万分感动，不禁为之前对百货公司的误解感到羞愧。待总经理和主管走后，她赶紧跑进房间，撕掉了批评稿，重新写了一篇题为《三十五次紧急电话》的特稿。该文发表后，引起了社会广大反响，大众都认为奥达克余百货公司处理得非常及时，且非常有责任感，挽回了公司信誉，维护了公司的形象。从此以后，奥达克余百货公司声名鹊起，门庭若市。■

案例 3：就算不喜欢也要尽责

美国著名心理学博士艾尔森曾经就“自己所从事的职业是否是内心喜欢的”这一问题对世界上 100 名各个领域的杰出人士做问卷调查，结果让他大吃一惊：100 人中，竟然有 61 名杰出人士回答说，他们现在所从事的工作或职业并非是内心真正喜欢的，至少不是自己心中最理想的。

这个结果让艾尔森非常震惊。超过六成的杰出人士不喜欢自己的工作，可是他们又怎么能在自己的领域里取得辉煌业绩呢？他们除了聪明、勤奋外，还有什么特质呢？

带着这样的疑问，艾尔森博士又深入走访了多位杰出人士。其中纽约证券公司的金领丽人苏珊的说法，给了他很大的感触，为他一直疑惑的问题找到了满意的答案。

苏珊出生于中国台北的一个音乐世家，从小就深受音乐的熏陶和启蒙。她一直非常热爱音乐，从小就梦想能在音乐道路上走下去，在音乐领域大显身手。然而，阴差阳错，她没有进音乐学院深造，而是考进了工商管理学院就读。从小不服输的她，尽管不喜欢这个专业，但她仍旧学得很刻苦，各门功课成绩都很优秀。毕业时，她被保送至美国麻省理工学院攻读 MBA，这可是很多人遥不可及的梦想。最后，她以优异成绩获得了麻省理工学院经济管理专业的博士。毕业后，她选择了专业领域的工作，现在已是证券界叱咤风云的人物。但在被问及当前职业和内心喜好时，她不无遗憾地说：“我从一开始到现在，从来没有爱上我的工作。如果再给我一次机会，我会选择我喜欢的音乐。但是，现在已经不能假设了，我现在只能做好手头的工作……”

艾尔森根据她的陈述，又追问了一下，说：“既然你不喜欢你的专业、你的工作，为什么还能学得这么好，工作又做得这么优秀？”

苏珊听后，略带微笑，十分坚定地回答：“因为在这个工作岗位上，有我应尽的责任，我必须担负起我的职责。虽然我不喜欢这份工作，但是，这份工作的任务我必须面对。我

不能忍受自己不好好对待工作。其实，对工作负责也是对自己负责，这是一脉相承的。高度的责任感是这个时代所必需的。”

随后，艾尔森继续对几位出类拔萃的人士进行采访，结果大家的反应和感受跟苏珊大致相同。很多时候，因为种种原因，我们不能根据自己的喜好选择职业，不能在理想的岗位上从事工作。然而，这种现状并不是说改变就能改变的。与其天天抱怨，消极怠工，还不如开心地积极地完成自己的岗位职责，做好自己的工作。唯有把这份工作当做自己的责任，全身心投入其中，才是明智和正确的选择。这些成功人士，正是在这种高度责任感的驱使下，才取得了令人瞩目的成就。

“做自己想做的事”“兴趣是最好的老师”，这些话已经是耳熟能详的名言。但是，“责任感可以创造奇迹”，却容易被人忽视。对许多杰出人士的调查说明，只要有高度的责任感，即使在自己不那么喜欢的工作岗位上，也可以创造出非凡的奇迹。■

案例解码

养成可贵的职业责任感

日月如梭，时过境迁，80 年过去了，武汉当地没有人在意景明大楼是否服役到期，是否需要修缮。然而，此楼的设计单位远在万里之外，却还在惦记着那 80 年前设计的楼房，还要提供这种极其特殊的负责任的“售后服务”。试想，如果没有强烈的责任意识，更新了几茬人的机构怎么可能还惦念着自己设计的大楼?

本来，日本东京奥达克余公司会面临一篇负面新闻报道，因为他们售出了一个空的唱片机给一名记者。然而，他们却扭转乾坤，将此事变成了一个正面的公关案例。是什么让这家公司的命运继而不同呢？首当其冲的肯定是公司及其员工的责任感。如果没有责任意识，就不会有这样大海捞针的行动，就不会有及时改正错误的机会。

如果能在自己喜欢的岗位上就职，那当然是一件很幸福的事情。如果从事的是自己心目中的理想职业，获得成功的机会可能就会增加。然而有很多杰出人士，他们并不喜欢自己的工作，但是却也取得了辉煌的成绩，这是为什么呢？那是因为，就算不喜欢自己的工作，但只要自己在岗位上一天，就应该尽职尽责，做好自己的本职工作。

三个案例都告诉我们，在日常工作中，责任非常重要。

（1）责任重于泰山，使命在于担当。

泰山压顶，责任最重。丘吉尔说得好：“高尚、伟大的代价，就是责任！”责任是我们这个时代最可宝贵、最应珍视的品质之一！的确，责任感是我们这个时代的要求。一个没有责任感的员工不是优秀的员工，没有责任感的公民不是好公民。每个人都是社会、国家、世界的一分子，每个人都有自己不可推辞的重要责任。责任可以推动一个人由平凡走向卓越，推动企业从优秀迈向伟大，更能够让世界变得更加和谐与美好！

（2）员工职业责任有利于企业效益。

责任心是个人成就事业的前提，更是企业生存的根本。一个有强烈责任心的人必定能在工作中充分发挥主人翁意识和工作积极性，高度的使命感使其在工作中爱岗敬业，能促使公司利益最大化。反之，一个缺乏责任心的人注定是不合格的员工，一个缺乏责任心的企业也注定是不合格的企业。我们知道，当一个人被委以重任时，他的心灵就会发生奇妙的化学反应，就会有自我价值感，就会感到责任的重要，就会变得自律、主动和积极！因此，员工越有责任感，企业效益会越好。

（3）执行力源于责任心，责任心决定执行力。

责任心是做好工作的前提，是战胜工作中诸多困难的强大精神力量。只有对企业、对工作高度负责的员工，才能尽心尽力、兢兢业业地完成工作任务。责任心体现的是一个员工的基本素养。而执行力是员工在工作的各个环节对企业目标、任务、指标一丝不苟地执行所具备的能力。执行力体现的是一个员工的工作态度。责任心和执行力是相辅相成的。加强责任心是提高执行力的基础和前提，执行力是责任心的体现和最终落脚点。如果员工缺乏责任感，员工的执行力就会大打折扣，如果没有执行力，责任感也妄谈。■

互动环节

你认为景明大楼的建筑设计所以及奥达克余百货公司的做法是否值得？■

名人名言

（波兰）居里夫人

我们不应该虚度一生，应该能够说："我已经做了我能做的事。"

诸葛亮

鞠躬尽瘁，死而后已。

（俄国）列夫·托尔斯泰

有无责任心，将决定生活、家庭、工作、学习成功和失败。

顾炎武

天下兴亡，匹夫有责。

23

学会有效使用时间

学习提要

- 学会时间管理；
- 履行要事优先原则；
- 牢记今天的事情今天完成。

导入案例

案例1：闲暇时光的用处

一天，美国马萨诸塞州一个偏远山村的一户农家，传出了响亮的婴儿啼哭，它划破了乡村的宁静。婴儿的出生既带给主人为人父母的喜悦，又有对将来贫困生活的担忧。用这个孩子后来在自传中的话来形容，那就是“当我还在襁褓中的时候，贫穷就已经露出了它凶恶的面目”。

当这个婴儿渐渐长大，到了咿呀学语之时，父母为了维持几个孩子的温饱，不得不同时打好几份工。即使是这样，一家人依然一天只能吃一顿饭，真的是吃了上顿没下顿，时时面临着饥饿的威胁。就在这个孩子刚记事时，他就比同龄孩子懂事得多，这可能就是人们常说的“穷人的孩子早当家”吧。那时，当他饥饿感还不是很强时，是不会向母亲要东西吃的，只有在感到非常饿时，才会用一双深陷在眼窝中的眼睛观察母亲，如果看到母亲脸上的表情不是十分严肃，他就会伸出一双小手向母亲要一片面包。

贫困使得这个家中的孩子都没能接受完整的教育，本文的主人公更是在十岁就不得不出外谋生，之后当了整整十一年的学徒。学徒的工作又苦又累，如果不是被逼无奈，没有任何一对父母愿意让孩子受此磨难。

结束了充满血泪的学徒生涯之后，这个孩子又到遥远的森林里当伐木工。森林离家很远，而且当地除了几名一贫如洗的伐木工之外，几乎没有人烟。在森林里当了几年伐木工之后，已经长成强壮青年的他又继续依靠自己的能力干其他工作。

在这样的穷途困境中，这个孩子下定决心，不让任何一个提升自我、发展自我的机会溜走。他紧紧抓住零星的时间，就像抓住黄金一样，不让一分一秒无所作为地白白从指缝间流走。很少有人能像他一样深刻地理解闲暇时光的价值。

在他二十一岁之前，他已经设法读了一千本好书——想一想，对一个乡下孩子来说，这是多么艰巨的任务啊！这些书都是他在干完活后跑十几里山路从镇上的图书馆借来的。就这样，他一边辛苦地工作，一边从书本中学习知识，汲取智慧。

谁也不会想到，就是这样一个几乎完全依靠自学获得知识的孩子，竟然在四十岁左右的时候以绝对优势打败竞争对手，进入美国国会。后来，他又因为出色的政绩成为人们爱戴的美国副总统。他就是美国历史上最优秀的副总统之一——亨利·威尔逊。他创造了令世人瞩目的伟大成就。

对于威尔逊来说，他从不浪费生命中的每一个空闲时间，正是因为这种对闲暇时间的珍惜和合理利用，日积月累，才能让他在机会到来时牢牢抓住，走向成功。■

案例 2：出发时的梦想

周润发刚踏进演艺圈时，狄龙作为大哥，没少提携这个小弟。两个人都性格豪爽，关系一直不错。

有一段时间，狄龙发现周润发天天忙得手忙脚乱，就问他："最近在忙什么呢？"

周润发不好意思地抓抓头发，憨厚地笑着回答："还不是为了多赚点钱，不停地接戏。大哥，讨生活不容易啊！"狄龙笑着拍了拍他的肩膀，没再说什么。

过了一些日子，狄龙感觉周润发简直成了工作机器，一天到晚看不到人影，打电话也经常不接。他纳闷了：周润发天分非常高，也非常努力，可从他这段时间拍的作品来看，演技怎么没有一点进步呢？

一天，狄龙费了好大的劲儿找到了正在拍戏的周润发。

"大哥，很不好意思，我等一会儿还要去赶另一个剧组，咱们得长话短说了——赚钱不容易呀！"周润发双手合十，弓着腰赔不是。

狄龙好奇地问他，为什么这么长时间演技都没有进步？周润发不好意思地告诉他，自己刚从最底层打拼上来，需要用钱的地方太多，每天都要跑好几个剧组接活，拍完戏后，还得把时间用在社交上，争取更多的表演机会，天天忙得不可开交，琢磨演技的时间也就少了。

狄龙看着周润发，过了半天才突然问："还记得我们刚认识时，你说过你有什么梦想吗？"周润发愣了一下，仔细想了想，猛地一拍额头说："刚见面的时候，我说过想成为明星。"狄龙意味深长地看了他一眼，微笑着拍拍他的肩膀，转身离开了。周润发望着狄龙的背影，默然无语。

不久，周润发兴高采烈地跑来告诉狄龙，他已经推掉了许多对磨炼演技没有帮助的剧本，减少了应酬的次数，有更多时间和精力用于揣摩演技了。狄龙满意地望着这个小兄弟。

把主要精力和时间放在磨炼演技上，再加上过人的天分，周润发的表演很快有了独特的风格。在随后的电影《英雄本色》中，所有人都被那个穿着风衣，一脸微笑，洒脱大气、重感情的小马哥彻底征服！从此，周润发成了电影界的一代传奇。■

案例 3：把帽子扔过栅栏

"不要往后拖延，把帽子扔过栅栏。"这是父亲在前美国 NBA 著名篮球运动员丹尼斯小时候常常教导他的话，意思是：当你面对一道难以翻越的栅栏并准备退缩时，先把帽子扔到栅栏的另一边，这样，你就不得不强迫自己想尽一切办法越过这道栅栏，而且不管你多么忙，你都会立即安排时间来做这件事。

丹尼斯的父亲出生在美国一个距离堪萨斯州 100 英里的小镇。20 岁时，他离开了家庭和亲友，来到堪萨斯州讨生活。当时他除了拥有一条小船外，一无所有。工作很难找，而他还要填饱肚子，奔波了几天，仍然一无所获的情况下，他想到了放弃。他想乘自己的小船再回到 100 英里之外的家乡去。但是那样的话，自己就要重新落入贫困，不但不能帮助家人，还要让家人为自己操心。于是他决定留下来。为了断绝自己回家的念头，他卖掉了自己的小船，这下他没有退路了，只能前进。

不久，他终于找到了一份工作。尽管收入很微薄，但他终于能在堪萨斯州站住脚了。后来，他告诉儿子丹尼斯："如果你没有为一件事情安排好时间，并且习惯拖延，那就把自己逼到绝境里去。当你不得不做的时候，你只有一个选择，那就是马上去做。"

我们在生活中总有一些早就应该去做却一直拖着没做的事情，尽管这些事情已经影响了我们的生活，但我们总是有一个借口：没有时间，以后再做。其实，这些想做的事，如果马上动手去做，你的生活就会变得豁然开朗。■

案例解码

要合理安排时间

美国副总统威尔逊，尽管出身贫寒，却没有丧失理想和信念，依然在繁重艰苦的劳动中挤出业余的时间阅读书籍，这种珍惜时间、合理利用时间的精神，使他最终取得了成功。

周润发虽然吃苦耐劳，但是由于不懂得合理安排时间，每天虽然忙得不可开交，但是在演技上并没有长进。由于他把大部分时间都花在一些不太重要的事情上，因此没有时间琢磨演技，浪费了自己的天分，也与自己最初的梦想相距甚远。经过狄龙的提醒，周润发懂得了"要事优先"的原则，开始推掉不必要的活动，把时间集中用于提高演技上，最终成为了家喻户晓的电影明星。

篮球明星丹尼斯的父亲以自己的亲身经历教导他，当想要拖延的时候，就强迫自己马上行动，不给自己留后路和拖延的借口，只有强制剥夺贪图安逸和庸碌生活的惰性，自制力才会变得越来越强，才有更大的机会做自己最想做的事，成为自己最想成为的人，过自己最想过的生活。

23 学会有效使用时间

我们许多人或者在业余时间做些琐碎无聊的事情，或者对于重要的事情，总是习惯找各种冠冕堂皇的理由拖延，到最后重要的事情根本没做。所谓消磨时间，不过是时间消磨你的另一种说法而已。有心的人，会在平淡琐碎的时光中根植梦想，抓紧时光充实自己，创造机会。最终，他们就会在别人感慨平庸生活的时候，收获成功。莎士比亚有句名言："放弃时间的人，时间也会放弃他。"若是时间放弃了你，等待你的将是无限制的恶性循环，如果不及时醒悟，后果将不堪设想。

这些案例，给了我们诸多启示。

第一，要合理安排工作时间。

时间管理关键是要设立明确的目标；成功等于目标，时间管理的目的是让你在最短时间内实现更多你想要达到的目标；你必须把本年度的4~10个目标写出来，找出一个核心目标，并依次排列重要性，然后依照你的目标设定一些详细的时间管理计划，最好做出每天、每周、每月以及每年的工作计划，列出每一时间单位内应该完成的工作，排出优先次序，突出重点并确认完成时间，适当安排"不被干扰"的时间。

第二，我们要首先完成最重要的事情。

在有限的时间和资源下实现目标最大化，是高效管理者工作的重要原则。时间是实现目标的重要因素之一。我们在做一件事情时，首先要清晰自己有什么样的目标，根据目标划分不同的阶段，确定每个阶段与目标最关联的事情，把这些事情解决好，那么就能首先完成最重要的事情。将一大堆需要完成的工作列出优先次序，把最应优先完成的作为工作中的重中之重，各花上一段时间集中精力把它们完成。只有这样，那些看起来可能无法一一完成的工作才能通过我们所完成的那几件重要工作而得到解决，获得最大的收益。"要事优先"并没你想象的那么容易做到，这世界上有价值的事情都不容易做到，正如兰迪·波许教授所说，"这些困难就像是一面墙，它并不是为了阻挡我们，而是让我们有机会展现自己有多想达到目标。"

第三，不能把今天的事情拖延到明天。

一个人所拥有的最好的东西是什么？不是昨天的辉煌，也不是明天的希望，而是现在。文嘉在他的《今日歌》中写道："今日复今日，今日何其少。今日又不为，此事何时了。人生百年几今日，今日不为真可惜。若言姑待明朝至，明朝又有明朝事。"任何事情如果没有时间限定，就如同开了一张空头支票。只有懂得用时间给自己施加压力，才能按时、按质、按量完成。所以让每个人每天都有目标，也都有结果，做到日事日毕。

今日事今日毕，是一个逻辑性思考过程。它要求我们在工作中讲求计划性、条理性，既要有长期计划又要有短期计划。计划的制订要讲究实效，不能停留在书面上或口头上。在这个竞争激烈的年代，时间就是效率。请记住：今天做吧，因为你无法预知明天又会有什么样的干扰。抓住今天，珍惜你现在拥有的每一分钟，尽可能少依赖明天。■

互动环节

丹尼斯的父亲让丹尼斯把帽子扔过栅栏是为了：

A．告诉他帽子是无用的。

B．让他翻越栅栏。

C．不让他捡帽子。

D．告诉他不要拖延，马上行动。■

名人名言

李大钊

我以为世间最可贵的就是“今”，最易丧失的也是“今”。因为它最容易丧失，所以更觉得它宝贵。

（美国）李·艾柯卡

如果你想好好利用时间，你必须知道什么是最重要的并全身心投入。

24

做好每一件小事

学习提要

- 理解细节决定成败的重要性；
- 理解差之毫厘，谬以千里；
- 正确处理大事与小事的关系。

扫码进入名师课堂

导入案例

案例 1：成功从脱鞋开始

1961 年 4 月 12 日，苏联宇航员尤里·加加林身穿 90 千克重的太空服，乘坐重达 4.75 吨的宇宙飞船“东方 1 号”进入太空遨游了 108 分钟，成为世界上第一个进入宇宙空间的人，也是人类历史上第一位进入宇宙空间俯瞰地球全貌的人。加加林的名字也从载人航天飞船成功返回地球的那一刻起被载入了全人类的史册，永远被世人所铭记。

其实，当时加加林并不是世界首位宇航员的头号人选，他能在二十多名宇航员中脱颖而出，起决定作用的是一个偶然事件。

为了保证人类首次太空之旅顺利进行，苏联政府很早就开始在全国范围内选拔优秀的宇航员了。经过层层筛选和考核，最后挑出了 20 名候选人，参与后期的训练，加加林便在其中。接下来的一段时间内，这 20 名候选人在宇航员训练基地进行测试和训练，经过层层筛选，邦达连科、季托夫和加加林三人不负众望，成为 20 人中的佼佼者。这三人总将有一人成为最终完成太空之旅的宇航员。当时，邦达连科是一号宇航员，季托夫和加加林成为备选的二号和三号宇航员。

离升空的时间越来越近了，大家的训练也更为密集和紧张。就在即将升空前的 3 月 23 日，邦达连科、季托夫和加加林在纯氧环境的船舱内结束例行训练时，邦达连科随手将擦拭过传感器的酒精棉球扔在了一块电极板上，船舱里顿时燃起熊熊大火，邦达连科被烧伤后不治身亡。

面对这一意外情况，为了不影响即将到来的飞船发射，相关人员立刻召开了紧急会议，研究上天的最新人选。按排序非季托夫莫属，但也有人提出了不同意见，双方争执不下，谁也说服不了谁，最后还是飞船的总设计师科罗廖夫拍板确定，让加加林上天。他向大家说明了选择加加林的理由。

原来在 20 名候选人在实验基地进行模拟测试的时候，科罗廖夫就注意到了这个叫加加

林的年轻人。每当别人完成测试，轮到加加林进舱时，他没有像其他选手一样直接进入机舱，而是俯身脱下鞋子，只穿白色的袜子进舱。

科罗廖夫很疑惑，不解地问加加林："小伙子，我看你每次进舱前都要脱鞋，能告诉我你的真正用意吗？"加加林礼貌地回答："这是我多年以来的一个习惯。因为像这样精密的机舱，不能带进一丝尘埃。我将鞋子脱下，就是怕弄脏了机舱。这也是对飞船设计者的尊重！"

听完加加林的话，作为这艘飞船的主设计师科罗廖夫非常感动，他毅然决定让加加林执行人类首次太空飞行的神圣使命。■

案例 2：在每一粒米上做文章

1932 年，16 岁的王永庆从老家来到嘉义开一家米店。那时，小小的嘉义已有米店近 30 家，竞争非常激烈。王永庆揣着从父亲那里借来的 200 元资金，只能在一个很偏僻的巷子里承租了一个很小的店面。开店后，他的米店没有任何优势，规模不大，地段不好，开店还最晚。好长一段时间内，他的米店冷冷清清，鲜有人问津。

王永庆想着，这样下去肯定得关门，怎么打开销路呢？他尝试过挨家挨户上门推销，但实践下来发现，人累得半死不说，还没什么成效。思来想去，王永庆决定在每一粒米上做文章。

由于当时稻米加工技术比较落后，小石子、米糠等经常掺杂在米中，做饭的时候需要淘很多次，还经常淘不干净，非常不方便。于是，王永庆就和弟弟一起动手，在米卖出去之前，将米中的杂物挑出来。一段时间以后，大家发现还是王永庆家的米质量最好，都不用淘米。就这样，一传十，十传百，光顾米店的人慢慢多了起来。

然而，王永庆并没有就此满足。他继续在米上下功夫。那时候，顾客都是上门买米，然后自己扛回家。由于当时年轻人都外出务工了，来买米的多是老年人，他们将大米运回家，十分吃力。

于是，王永庆便主动提供送米上门服务。这一创举大受附近居民的欢迎。一开始，王永庆只是将米送到客户家里。后来，他又将这一服务进行了改进。他不仅将米送到顾客家，还将米倒进米缸。如果米缸里还有陈米，便将陈米倒出，将米缸擦干净，然后再将新米倒进去，陈米放上层。这样，陈米就会先被用掉，不至于久放而变质。王永庆这一精细的服务令顾客大为感动，又赢得了不少顾客。

要是给新顾客送米，王永庆就细心记下这户人家米缸的容量，并且问明家里平时有多少人吃饭，几个大人、几个小孩，每人饭量如何，据此估计该户人家下次买米的大概时间，记在本子上。到时候，不等顾客来米店买米，他就主动将相应数量的米送到顾客家里。

王永庆细致、务实的服务一下子传遍了嘉义，大家都知道在米市马路尽头的巷子里，有一个卖好米并提供送货服务的王永庆。就这样，王永庆的知名度越来越高，他的米店生意也越来越红火。经过一年多的积累，王永庆便在最繁华的临街处租了一个比原来大好几倍的房子，自己开起了碾米厂。店面的里间碾米，外间卖米。偌大的碾米厂拉开了王永庆问鼎台湾首富的序幕。

1954 年，王永庆筹资创办了台塑公司，并于 1957 年建成投产。多年以后，他的“台塑集团”发展成为台湾企业的王中之王。王永庆被誉为台湾的“经营之神”，在台湾的富豪中雄居首席，是台湾唯一进入“世界企业 50 强”的企业王。在台湾，与台塑集团企业有着共生关系的下游加工厂超过 1500 家。■

案例 3：一张“废纸”与世界“巨亨”

一家大公司在招聘新人，前面已经淘汰了好几批参加面试的人。这时，无论是面试者还是被面试者都感到紧张和焦急。对于招聘者来说，这个岗位的招聘持续了很长时间了，如果今天再不能选出合适的人选，那公司的许多工作就要受到影响，公司的运转也要受到牵制；对于应聘者来说，这家公司在全国知名度很高，要是能进入这家公司，那未来的事业发展将不可估量。

一位年轻人走进了面试办公室。这时，他发现门口的地上有一张纸，就弯腰捡了起来，发现是张废纸后，就顺手将它扔进了垃圾篓。然后，该年轻人跟其他人一样，顺利完成了整个面试环节。面试结束后，主持面试的该公司总裁叫这位年轻人留下来，他告诉年轻人：“你可以马上到公司参加培训，培训合格以后可以直接来公司上班。”年轻人非常疑惑，半天没反应过来，不敢相信自己听到的是真的。因为他感觉自己虽然在面试中发挥不错，但是其他几位一起进去的也都是精英啊。

总裁看出年轻人的疑惑，笑着说：“很纳闷是吧？你的能力水平在所有应聘者当中确实不是最好的，但是，所有人中，只有你通过了一项最为关键的考验——门口的那张废纸是我故意叫人放在那里的。我就是想看看，谁能注意到这张小纸片。前面几位年轻人学历比你高，面试表现也不比你差，还仪表堂堂，但是，他们眼里却没有小纸片，或者说，就算看到小纸片的存在也无动于衷。他们眼里没有小事，只有大事。只有你的眼睛能看见小事。我认为，眼睛能看见小事的人，将来也能看见大事。而一个眼里只有大事的人，他却会忽略很多小事，而不注重小事的人，他也很容易贻误大事，这样的人是很难成功的。这就是你被录用的原因。”

那些与年轻人一同去参加面试的人，有的可能真的没有看到那张不大但很明显的小纸片，因为他们从不低头看路；有的可能看到了，但是对于他们来说，虽然捡一张纸片只需要弯一下腰，但是他们认为如此琐碎的事情不值得一做。所以，他们就错失了一次进入大公司的机会。实际上，他们因此而错过的重要时机绝不仅仅就这一次。每家公司在面试时，所在意的点都不一样，如果不在日常养成习惯，在职场上就会受到限制。

那个年轻人就是美国的汽车工业之父——亨利•福特。他用自己的实际行动证明了当初那位总裁的独到眼光。从此以后，福特开始了他的辉煌之路。

虽然说，一张“废纸”与一个“巨亨”之间并没有什么关系，然而就因为不同的人对待一张“废纸”态度的不同，而成为了不同的人，成就了不同的事业。福特能把一张废纸看在眼里，并着眼于行动，那么就说明他在意细节。在意细节的人往往具备对事物的敏锐观察，能通过微小事物把握大局。■

案例解码

细节决定成败

邦达连科因为一个随手丢棉球的细节，不仅错过了成为太空第一人的机会，而且还为此丢了性命，实在可惜。而加加林则通过一个脱鞋的举动赢得了科罗廖夫及其他人的认可和钦佩，才有机会成为遨游太空的第一人，实现了自己的宇航梦。试想，如果加加林也如同邦达连科一般不注意细节，他还能成为世界上第一个进入太空的宇航员吗？而且，大家以为，加加林当时的那一举动，是偶然为之还是长期以来对细节重视而养成的习惯呢？脱鞋事虽小，反映的却是一个人的行为习惯、品质修养和职业精神。

要问王永庆为何能从一家小米店起步，成为今日台湾工业界的“龙头老大”，最大的因素并非是他的管理知识，而是王永庆一直将顾客放在心上，始终想着顾客的需要，用细节打动顾客的心，将顾客的需求变成自己的服务项目。不是任何一家米店都能做成王永庆那样，也不是任何一个企业家都有王永庆的服务理念，能在每一个环节细心考虑，周到服务。

一个企业要想存活和发展，就一定要将顾客放在心上，处处为顾客着想，将方便和温暖同时给予顾客。

福特在面试过程中，学历不是最高，能力也不是最强，为什么能被面试者选中呢？为什么一个捡废纸的小举动能吸引面试官？因为面试官就在等一个能弯下腰捡起一张废纸，眼里有小事的人。只有这样的人才是他们公司最合适的人。

这三个案例，给予我们诸多启示。

(1) 细节决定成败，细节成就完美。

戴维•帕卡德说：“小事成就大事，细节成就完美。”成功是由一件又一件小事、一个又一个细节积累而成。如果能把握住这些细节，人们就能获得成功。生活中，细节往往最容易被人忽视，却又最能反映一个人的真实状态。一些不经意流露出来的细节，往往反映出一个人的深层次素质。有些人总认为，干大事不必拘小节，因而马虎大意，结果常常

由于不注意细节而导致重大失误。无数事实说明，细节决定成败，细节成就完美，大事成功于细节，伟业得益于细节。如果你能留心身边的细节，做一个有心之人，善于发现，善于思考，并加以注意，在抬头望远的同时，不忘记看看脚下有没有绊脚的石头，那么成功就离你不远了。

（2）差之毫厘，谬以千里。

“差之毫厘，谬以千里”的意思是，一点点差错都有可能造成很大的恶果。这句话说明了细节的重要性。细节关乎大局，细节关乎成败，一件小事、一个小细节处理不好，就有可能“一石激起千层浪”；一声问候、一张笑脸、一句赞扬，也有可能消除彼此的疑虑与隔阂，拉近彼此的距离。只有当我们把每一件细小的事情都做好，且养成习惯，才能从小事开始成就大事。同样，很多重大灾难都源自一些不起眼的细节上的失误。小问题可能会带来大祸患，小变化可能引起大事件。一个细节的忽略往往会铸成人生大错，造成事业之危，而一个细节的讲究，或许就可以让企业咸鱼翻身，可以在谈判中力挽狂澜。

（3）小事成就大事。

再高的山都是由细土堆积而成，再大的河海也是由细流汇聚而成，再大的事都必须从小事做起，先做好每一件小事，大事才能顺利完成。在工作之中任何细节，都关乎大局，每件小事都会通过放大效应而凸显其重要影响。每件大事都是通过小事来决定的，工作中无小事，任何惊天动地的大事，都是由一个又一个小事构建成的。微不足道的小事有可能会影响公司利益，正确处理好大事与小事之间的关系，是我们工作中必备的基本能力和素质。从解决具体问题入手，把各项工作做细、做实、做到位。只有这样，用小事积累起来的事业大厦才是坚固的。■

互动环节

选出以下说明“细节”的古语（多选题）：

A．一屋不扫何以扫天下。

B．天下难事，必作于易；天下大事，必作于细。

C．合抱之木，生于毫末；九层之台，起于累土；千里之行，始于足下。

D．千里之堤，溃于蚁穴。■

名人名言

张瑞敏

把每一件简单的事做好就是不简单；把每一件平凡的事做好就是不平凡。

（美国）戴维·帕卡德

小事成就大事，细节成就完美。

（意大利）米开朗基罗

在艺术的境界里，细节就是上帝。

（美国）卡耐基

一个不注意小事情的人，永远不会成就大事业。

25

职业人的幸福在哪里

学习提要

- 理解职业与幸福感；
- 明白职业幸福感来源于和谐温馨的团队；
- 知道一个普通职业人的幸福在哪里。

导入案例

案例 1：
中科院院士支志明：做科学是幸福的

1957 年，支志明出生于香港佐敦道的一个贫苦家庭，父亲做点小生意，母亲在家照顾孩子。他有兄弟姐妹 6 个，自懂事起，他便要在家帮忙做手工活，赚钱贴补家用。

中学时，支志明就读的学校并非名校，而且还数次转学。为减轻家里负担，他每次放学后都先在学校将功课做完，然后跑去书局做工，比如打书钉等，空闲的时候还能拿本书看看。时间久了，他发现自己特别喜欢看科学书籍。于是，在中三时，支志明选择了自己喜欢的理科。中四以后，他不去做小工了，改去当补习教师，赚点生活费和学费。就这样，虽然举步维艰，但支志明仍能学好功课，并每年都拿奖学金，最终以优异成绩考进了香港大学就读化学专业，后又取得理学硕士和哲学博士学位。

从此以后，支志明一直从事化学研究。1983 年，他在香港大学担任化学系讲师，并开展独立化学研究；1990 年，支志明被提升为教授，时年 33 岁；1992 年，他成为讲座教授，是香港大学历史上最年轻的讲座讲授；1995 年，支志明被选为中科院院士，时年 38 岁，是当时最年轻的院士之一。而且，他还是香港获得中科院院士这一荣誉称号的第一人。

2006 年，支志明以其“金属配合物中多重键的反应性研究”项目获得年度“国家自然科学奖一等奖”。这是香港自 1989 年参加国家自然科学奖推荐以来，首次获得一等奖这个最高级别奖项。2008 年，支志明被邀请在以色列召开的国际配位化学大会上做主题演讲，当时做主题演讲的另外两位是诺贝尔奖获得者。2013 年，支志明又当选为美国科学院外籍院士并获得英国皇家化学会百年大奖。

当有人问他，如果你做一件自己喜欢的事情，还有人给你发薪水，这是什么感觉？“幸福！”支志明回答。对他来说，从事科学研究就是这样一件幸福的事情。

然而，30 多年来，总会有人对他提出这样的问题：做科学研究有没有感到痛苦的时候？

“科学家也是普通人，会有失落的时候。但不会痛苦！因为你今天做不出来，可以明天接着做，没必要痛苦。做科学实验，经常碰到失败，是很正常的。如果天天痛苦，那还怎么做科研，没法做。”

在支志明看来，会感到做科学研究痛苦的人大概一是想获奖，二是一定要超越某人。他说：“我做科研，从来都没有打算要获奖。如果奔着奖项去做科研，科研很难出成果。”然而，虽然支志明不想拿奖，但奖项却一直跟他有缘。

“如果是自己真的喜欢研究，真心想解决一些科学难题，自己真的喜欢在这个领域探索，那么你才可能是幸福的。就算没有荣誉没有奖项，你也会继续做下去。但其实只要你做得好，自然会有人欣赏你、青睐你，他们自然会给你报酬给你荣誉。只要你觉得自己做的事情是有价值的，那么你自然会觉得幸福！”

案例 2：在有集体感的团队中工作最幸福

来自山东的田静雯，读完大学后，和其他大学生一样，体验并感受着找工作的艰辛，写简历，投简历，面试，碰壁……各样她都体验了一遍。后来，她凭着自己的才气和运气，进入某大型财经媒体，并在里面当了一年多的记者。由于发觉自己还是喜欢地产行业，因此，她辗转进入了南方都市报，当起了房地产记者，开始了自己的梦想之旅。

当地产记者时，她吃过不少苦。“刚进入这个行业，我对各方面都不了解，比如哪个楼盘有新的报价，哪个地产公司有新的举动，民众对房价的涨跌都抱什么心理，房产发展的态势如何等。于是，我只能一个楼盘一个楼盘地跑。有的楼盘在很远的郊区，我就打“摩的”过去，有的楼盘不通车，我就徒步过去，反正什么困难我都经历过了。现在想想还是蛮刺激的。”回忆起这段经历，田静雯认为这是她生活中一笔很宝贵的财富，在这种状态下，人成长得最快！

她还说：“当时能坚持下来，除了自己的毅力，还有很重要的一方面，那就是我处在一个很有集体感的团队中，我感到自己的工作非常幸福非常有价值。刚入行时，有前辈带着我去采新闻，教给我很多新闻报道的常识；到后来我自己独自承担新闻版块，跟搭档配合得也很默契。在我们这个团队中，大家能相互体谅，相互支持，相互鼓励。大家就像是一个大家庭，有说有笑，有你有我。大家在一起，不太注重个人的作用，而是更为注重集体的形象。一则新闻出去，首先代表着报社的形象，因此，特别需要同事之间合作和配合，有问题大家相互补台，有成果大家齐声喝彩！”田静雯每每谈到自己的工作，幸福的感觉都会写在她的脸上。

作为地产记者，其实要学习的非常多。不仅要学好地产领域内的知识，还必须研究大的经济环境。可以说，地产记者对于一个女性来说，很有挑战性。当有人问她是否有过动摇时，她认为，无论在哪行哪业，成功都不是那么容易的。无论做什么，都会有压力。“就算我放弃记者这一职业做其他的，一样会有压力。只要做到居安思危，未雨绸缪，调整好自己的工作节奏和心态，压力是可以转变成动力的。我现在要做的就是完成每天的具体工作，规划好自己每一步的人生。”

她最后特别分享，说要想幸福地工作，有集体感的团队很重要。个人的成长与集体的发展息息相关，集体是个人工作的依靠，个人成长的平台；当然集体的发展也离不开个人的努力。温暖的集体能产生强大的凝聚力，个人能在这样的集体中感受到自我存在感和成就感。在有集体感的团队中，团队成员可以更快、更轻易地到达他们想去的地方，因为他们凭借着彼此的助力而前行。■

案例3：当幸福来敲门

大家对电影《当幸福来敲门》肯定不陌生，里面的主人公从一名濒临破产、老婆离家的落魄业务员，通过刻苦努力，不断奋斗，不但尽好了单亲职责，而且成为一名股市交易员，最后成长为知名的金融投资家。故事很令人感动，也很励志，大家可能有所不知，这部电影是根据美国金融投资家克里斯·加德纳本人的自传改编而来的。

克里斯·加德纳是美国旧金山的一位黑人男青年，靠着推销员的微薄收入养活老婆还有幼子。克里斯·加德纳从未觉得自己的日子有多可贵，当然，也没觉得日子有多难过。他和美国千千万万普通男人一样，过着平淡的生活。直到他遭遇了一系列变故后，这才发现，原来平淡的日子有多幸福。

先是公司裁员让他丢了工作，丢了稳定的收入来源；接着，因不能忍受长期的贫困生活，妻子选择离家出走，并且带走了两岁的儿子；没过多久，妻子再次现身，称自己养不活儿子，所以将儿子带回克里斯·加德纳身边，然后就离开了。不久后，加德纳因交不起房租，被房东赶出家门。从此以后，加德纳不仅面临着失业，独立抚养儿子，还要露宿街头，一度连温饱问题都无法解决。

单身父亲加德纳只能背上自己仅有的一点财产，与儿子一同前往收容所。实在找不到栖身之所时，他俩便在公园、地铁甚至卫生间等地方过夜。白天，他到处找临时工赚生活费，甚至为了得到一份工作，免费当了半年的实习生。不管日子如何艰难困苦，加德纳都没有放弃，依旧乐观地带着儿子过好每一天。

1981 年的一天，他在旧金山的一个停车场，碰到一个驾着红色法拉利跑车的男人在找车位，他便走过去，跟人家说：“你是否需要一个车位？我可以让给你。不过你得回答我两个问题。你是做什么工作的？你又是怎样做的？”原来这个男人是一个股票经纪人，月薪达 80000 美元。加德纳一听简直吓坏了，这可比他的年薪还要多一倍呢。从此以后，加德纳就决定做一个出色的股票经纪人，希望那样可以和儿子过上好日子。

没有任何股票知识的加德纳从学徒开始做起，帮人整理资料，帮人打下手，慢慢地，勤奋努力的加德纳掌握了股票市场的规律。功夫不负有心人，他最终凭借自己的才智和努力，获得了股票经纪人的工作。后来，他在这条路上越走越顺，过了几年，他便在芝加哥开了一家公司，自己当起了老板，成为了百万富翁。除此之外，他还致力于公益事业，比如南非的扶贫工作；还有就是总结自己的人生经验，出了一本自传《当幸福来敲门》。

回忆起自己的这段过去，克里斯•加德纳表示：“在我二十几岁的时候，我经历了人们可以想象到的各种艰难、黑暗、恐惧的时刻，不过我从来没有放弃过。”■

案例解码

找到真正让自己幸福的事情

做科学研究本是一件非常枯燥的事情，而且常常会面临失败、困难的打击。然而，支志明却说，做科研是最幸福的事情！因为他喜爱科学，喜欢这份职业。俗话说，千金难买自己喜欢，如果自己对这个领域感兴趣，那么就算前方有阻力，就算有挫折、有挑战，你也不会退缩，只会越来越有干劲。这就是所谓的幸福！而当自己在这份事业中有获得感时，成就也会随之而来，就像支志明一样，各种荣誉不请自来。

也许在外人看来，地产记者是一个光鲜亮丽的职业。然而他们要碰多少壁，要吃多少苦，只有田静雯自己清楚。不过，工作虽然艰辛，但是有善解人意的同事，有富含集体感的团队，那么再苦再累的工作也是幸福的。而且，对于一名女性来说，协调好家庭和事业的矛盾，是一个亘古不变的难题。这一切，田静雯都处理得较为妥当，过着自己的幸福生活。

克里斯·加德纳做推销员养活老婆孩子、过着平淡生活时，从没觉得日子有多幸福，但是当经历了失业、妻子离家出走、交不起房租、父子流落街头时，才猛然发现，原来平淡的生活才是最幸福的。但是，就算很惨淡，但他依然坚信，自己可以带着儿子创造幸福的生活。事实上，他真的做到了，他从学徒做起，经过一点一滴的拼搏，最后成为全美知名的投资家。

这三个案例，给予我们诸多启示。

（1）何谓职业与幸福感？

职业到底是什么？对于我们自身而言，它到底意味着什么。如果你仅仅把职业看成一张长期饭卡，它对你而言就是食之无味、弃之可惜的鸡肋。既然没有多大的吸引力，你也就不会为它付出汗水和心力。但如果你能积极地看待它，视它为内心真爱，你就可能会更

25 职业人的幸福在哪里

努力地去经营它，更宽容地去体验它。

幸福感又是什么呢？是指人类基于自身的满足感与安全感而主观产生的一系列欣喜与愉悦的情绪。追求幸福是很多人的毕生所求、所愿。

那职场幸福感又究竟是什么呢？其实就是一种满足感。是指主体在从事某一职业时基于需要得到满足，潜能得到发挥，力量得以增长所获得的持续快乐体验。

无论你是否处于高位，只要你对自己的现状不满意和不接受，心中充满竞争和抱怨的话，你一定不会幸福。幸福可以说是一种感受，而且内心的幸福会让你流露出真正的喜悦。

在职场中，我们不断努力和进取就是为了获得一个好的职业，成就一个好的物质生活环境。但除此之外我们更应该寻找一种职业幸福感，一种成就感，这是对自己工作和努力的一种认可和回报。

（2）团队，幸福工作的源泉。

我们在工作时，和他人的互动关系极大地影响着我们的职场幸福感。盖洛普研究发现，那些最有工作积极性的员工往往都在单位有一个很好的朋友。其他研究则发现，每天都有些社交时间的人会有更好的情绪。

也许你不能改变团队员工的个性，但是你可以加强和同事间的关系。多与同事交流，或者仅仅是多问几个问题，都会加深你们之间的关系。你们之间的联系越深，你就会更想面对第二天上班的时光。而且，不要忘记，激情是可以传染的，与充满正能量的人在一起，能让你对工作多一些兴趣。

我们的人生大致分为两部分：工作和生活。工作时的幸福感和成就感会是我们人生中非常宝贵的财富。那么怎样放大这种成就感和幸福感呢？是团队合作，是团队精神。当我

们融入这个团队，收获的可能是友谊、温暖，也有可能是成功。团队相当于拳头，个人相当于手指，拳头的力量必定大于手指。所以团队是我们幸福工作的源泉。

(3) 幸福从改变心态开始。

美国著名社会学家盖洛普曾提出幸福感的五个维度：职业生活幸福感、社交关系幸福感、财务状况幸福感、健康状况幸福感、社会环境幸福感，其中职业生活幸福感是基础。实际上，即使是最令人兴奋的工作，日复一日，恐怕都会让人或多或少感到无聊、缺乏动力。作为普通人，我们该如何提高职场幸福感呢？

心态决定得失，心态决定幸福。很多时候，我们都陷在忙碌、琐碎的工作和生活中不能自拔，有时候会为了一点小事烦忧而忘了享受当下，忘了开心和快乐，每天都让自己上紧发条般地工作，希望通过努力创造财富，创造机会，提高自己的生活质量和生活品质。但往往当这些目标达到了，我们依旧感受不到幸福与快乐，需要永远得不到满足。因此，我们需要做的是，感恩现在的生活，享受现在所拥有的。学着去调整自己的心态，远离消极情绪，以乐观积极的心态应对工作、生活中的一切困难。改变人生的现状，创造崭新的生活，真正成为主宰自己命运的主人。

幸福从改变心态开始。■

互动环节

你认为让克里斯·加德纳真正感到幸福的是什么？

A. 成为全美知名的投资家，赚了很多钱。

B. 通过自己的拼搏和努力，终于过上了自己想要的生活。

C. 成为了一位知名人物。

D. 能帮助他人，贡献社会，发挥自己的价值。■

名人名言

徐特立

一个人有了远大的理想，就是在最艰苦难的时候，也会感到幸福。

（日本）森村诚一

幸福越与人共享，它的价值越增加。

（俄国）果戈理

如果有一天，我能够对我们的公共利益有所贡献，我就会认为自己是世界上最幸福的人了。

（科威特）穆尼尔·纳素夫

真正的幸福只有当你真实地认识到人生的价值时，才能体会到。

就业创业篇

26

就业是幸福人生的起航

学习提要

- 明白职业生涯规划是人生的重要组成部分；
- 知道寻找职业要从本人情况和未来前景出发；
- 知道个人发展要从所学专业起步。

扫码进入名师课堂

导入案例

案例1 李蓉：稳健提升自己的职业地位

在 ZOO COFFEE 轻轻的背景音乐里，李蓉叙说了自己毕业 8 年来的职场发展，说得最多的一个词是“职业规划”，她目前在中船重工物资贸易集团上海实业公司财务处工作。

第一个岗位是前台

李蓉 2009 年 6 月毕业后，一直在现在的这家公司工作。最早是学校推荐她去实习的，实习工作就是做前台；实习期满，她被公司留了下来，工作不变。这家公司总部在北京，主要做房地产开发及实业投资等。在学校时，李蓉曾任学生会主席，读的是计算机专业，擅长影视广告；这些似乎与前台工作风马牛不相及，但结果却很有关系。前台工作，李蓉做得轻松自如，但她不让自己闲着。她发现，公司办公室有许多事情需要用电脑，但老同志们大多不会，她就主动把一些事情担当起来。比如文件整理，用电子表格做目录，打印通知，发邮件什么的。时间一长，老同志们就会叫她去帮个忙，做些事。有一次，公司做项目招投标，需要企业简介的 PPT，她自告奋勇地接下来，花了 1 个星期，找图片，写文字，加班加点完成。领导一看，非常满意，职能部门也很认可。后来，她又用业余时间设计筹办了公司网站，联络各方，发布信息，加强交流。渐渐地，大家就对这个小姑娘刮目相看了。机会来了，2014 年，公司内部招聘财务处会计，李蓉成功应聘，因为这几年里，她用业余时间通过了会计从业资格考试，取得了初级会计资格证书。

成功应聘财务岗位

记得毕业时，沈校长曾对李蓉说，在一个单位里，你是否能做好，五年内就可以看得出。

如果有上升平台，说明你的职业生涯规划是对的。回顾自己工作后第一个五年，李蓉看到了自己职业生涯的提升。正如沈校长所说，努力方法是对的。她总是非常专心地去做一件事，并尽量做到优秀；她很安心地在一个单位做，把每件事情做好，没有想过跳槽。

当然，李蓉也明白，在单位做事和在学校是不同的。同样是做一个 PPT，同事们不仅要看你做了什么，还要看最后效果如何？大家都在考验你的水平与能力。所以，李蓉在交出第一个 PPT 前，自己曾经看了 N 次，照片不满意就四处找，文字不妥就请教领导专家。做 PPT 的那个星期，习惯于有规律作息的她，常常要忙到深更半夜。在会计岗位上，李蓉其实也很累，很操心，但她总是想方设法把事情做好。公司的财务处相当于一个小型集团的财务公司。整个集团的财务工作，都需要会计去管理；其他子公司的财务，都是项目上的财务，与公司对接。李蓉的基本工作是为项目公司落实资金，调度资金。

平日，资金池里钱少钱多都不好。如果钱少，项目公司这边万一开发项目急等钱用，就会影响工作；钱要是多了，而项目公司又不需要，闲着就要付利息，会产生成本。白天工作中遇到这样的问题，晚上李蓉就回家看书学习，研究科学筹融资的方法。想好了，李蓉就向领导提出建议，提高了资金使用的效益。

与孩子分享时间

今后有什么方向？当然是继续努力，争取再上一个台阶。李蓉正向着会计中级职称而努力。现在，她已经收获了华东理工大学的本科文凭，希望通过进一步学习，丰富自己的专业知识和实践能力，为自己创建新的发展平台。不过自从有了孩子，就和以前不一样了，最大的问题是时间不够用。她希望自己与孩子之间有合理的时间安排，要给孩子时间，也要给自己留时间，这样才能保证今后的发展。现在每天下班到家，她就接手孩子，逗她玩，给她洗洗，说说话，让公公婆婆休息；吃完晚饭，继续和她玩耍，讲故事，说到 7 点半，就无论如何要歇下来了。因为后面的时间就是李蓉的了。这时候，房间里的大灯暗下来，代之以小床边的台灯，李蓉从孩子 3 个月大的时候就开始培养她这个习惯。渐渐地，女儿只要听到妈妈对她讲“最后一个故事”时，大灯关了，台灯亮了，她就自己会朝睡袋里钻…… ■

案例2 李一平：将兴趣发展成一个职业

出生于1994年的李一平，现在是上海电影艺术学院最年轻的留校教师，在影视艺术系编导专业任教，同时他还在交大艺术专业进修，“补一点色彩感和绘画技巧”。他说自己很幸运，学自己喜欢的，做自己喜欢的，并将兴趣发展成了职业。从经管校毕业，去考大学，学完后就留在学校任教，并继续在学识、学历上完善自己，有志于做一个现代意义上的电影人。

从一台JVC摄像机开始

李一平读初中时，爸爸买了台入门级的JVC磁带摄像机，不怎么会用，就让他去学。正好长宁区少科站开免费培训课，他就去了。在这里，他接受了较为专业的摄影摄像培训。未曾想，他从此就迷上了摄像，给家里人拍，到街头拍，并逐渐走上了正规道路。在培训班，他独立完成了自己的第一个微视频。这个现在看来像玩具一样的初级摄像机，却在他的人生旅程中留下了难以磨灭的印象。考进经管校后，他拿着自己微电视片制作的奖状去找老师，进了校电视台。在这里，他跟着徐岚老师学习摄影、摄像的理论和技巧，和一群有着同样爱好的同学们一起，制作校园新闻，参加各种采访活动。

当上校电视台台长

初中二年级时，李一平当上了学校电视台的台长。电视台有剪辑室、演播室，完全是李一平喜欢的环境，他可以发挥自己的特长和好奇心，亲自摆弄摆弄，自己去体验、研究，所以他成长很快。“做台长有一种小小的使命感，之后进入实习期，又带有一种职业感”，李一平说，“同时，我加入了共青团，参加学生会的活动。这对自己的性格完善有很好的作用，家里人也很支持我”。

马上要读高三了，他不想读大学，想直接找工作，结果就与家人闹僵了。徐岚老师及时和他的家长沟通，并给了他建议，推荐他参加高考培训班，报考上海电影艺术学院。他接受了，并积极地做着准备。“电影艺术学院，这个名字就很吸引人，再看简介，摄影摄像、电影电视制作，都是我喜欢的。所以，我不假思索，就奔着电影电视的拍摄制作去了。”李一平说。

到电视艺术学院发展

听说学院的面试很严格，李一平有点紧张。候场时，听刚刚面试过的同学介绍，里面是5位老师面试1位考生，难度很高。但走进考场，在考官们面前一坐下来，李一平反而平静下来，因为老师的问题是实战型的，他胸有成竹。他在经管校读到三年级时，已经可以一个人运作学校电视台，包括运营、制作、拍摄、剪辑和视频演播等，还可以像老师那样，给低年级的学弟学妹们作辅导，介绍一些精品课程。所以，对学院老师的提问，李一平应答自如。考官问：“你会做什么？你做过些什么？”他先是简单介绍了自己专业经历，讲述自己拍过什么，会使用什么设备，如何编辑，越说越轻松；最后，他甚至拿出了自己的作品进行演示。老师们频频点头，10分钟左右，面试结束。不久，李一平收到了录取通知。

在大学就读三年，最后又留下来当教师，李一平充满幸福感地铺展着自己的愿景。除了系统学习影视编导专业的理论，他还掌握了现场直播的拍摄、导播的操作技能等，更重要的是，他大大拓展了自己的视野，看到了广阔的发展空间。■

案例 3：张建新：要珍惜在校学习的光阴

出生于 1996 年的张建新，现任重信金融信息服务有限公司的审核专员。2015 年毕业于上海市经济管理学校会计专业，之前有过两次跳槽经历。他认为，知识要不断积累，才能要靠不断实践来提高。在学校要好好学习，因为在校条件很好，要珍惜，这个时机要把握；工作了要不断充电，做事就得心应手了。

从小对巴菲特感兴趣

许多同学毕业后到企业做会计，但张建新选择了金融企业，因为他对金融业感兴趣。十五六岁时，他就看了不少这方面的书，华尔街、巴菲特、索罗斯、摩根大通等，不大的卧室里堆满了关于这些和金融有关的书。

在学校，学习的是实务型、细节性的东西，懂得了怎么操作，所以他形成了自己较为完整的专业知识框架。现在和人谈业务，他不慌不忙，因为肚子里有货：一半是从学校学的专业知识，如税法、财政金融的法规、会计准则等，另一半是工作后通过培训、自学获得的。“如果没有这些入门级的东西，开口也难，更别说在这个行业站稳脚跟了。”他说。他认为，知识和能力永远感觉不够用，所以他坚持学习，认真地参加培训，关心业界动态，不断为自己充电。

第一份工作是信贷员

从上海市经济管理学校毕业后，张建新的第一份工作是信贷业务员，这是金融行业的入门级岗位，很锻炼人。记得上班第一天，胡主管开车把他们三个新员工放到银行较为集中的古北小区黄金城道，让他们自己去找银行信贷老师谈。他走在黄金城道上，有点茫然，想了好几分钟，才走进招商银行。他和大堂经理说明来意，没想到人家连信贷部门的门也不让进。吃午饭时，胡主管问他们三个：“情况如何？是否和银行里的人交换了名片？”两位新同事说，他们连银行的门也没敢进。张建新虽然进了，但也没有成功。下午，张建新调整了策略，以客户身份进去。他来到建设银行，通过大堂经理找信贷部老师，说是要咨询贷款的事情。这样，他就进了信贷部的门。他问负责接待的崔老师，“有个亲戚想买房子，但不知怎么来银行按揭，您能指导一下吗？”崔老师好像有点看出他的真实来意，但并不排斥；于是，他又抓紧时间，问了购买酒店式公寓和商住两用楼的贷款方式等，崔老师都耐心地为他作了解答。谈了半个多小时，约定再联系。临走时，张建新和崔老师交换了名片，之后一直保持联系，三个月后就做成了第一单业务。现在看来，关键是你能踏进银行信贷部这个房间，这是成功的第一步。

现在做信用风险控制

张建新现在所做的是信用风险审核，也就是人们所说的“风控”，日常工作就是对用户进行信用评估，然后由公司决定是否向其放款。他的公司总部在上海，外地有分部，主要业务集中在江浙沪一带。因为出差多，这家公司的风控部和审核部就喜欢招男生，他到这家公司后，出差是家常便饭，主要任务是到外地新开张的加盟店面试、招人和培训，了解当地情况，为公司物色一名熟悉本地情况的风控岗位专员，使他们成为公司在当地的眼睛，为日后公司在当地投融资、发展业务、防范风险打好基础。他现在的工作进入了比较愉快和顺手的阶段。■

案例解码

职场成功需要持久的定力

从学校到社会，从入职到升迁，李蓉、李一平和张建新他们虽选择了不同的专业，走的是不同的发展道路，但在职业生涯的进步上却是殊途同归：李蓉没有跳槽，她一直在一个单位里做，努力做到最好，得到了领导和同事们的认可，五年后职务得到了提升；李一平则在专业里扎得很深，已经是电影艺术学院里最年轻的老师了；张建新在毕业后的两年里，跳了两次槽，为自己赢得了更好的发展空间。他们的共同之处在于，都有一种不断追求上进的定力和负责任的人生追求。亮点不少，归纳起来主要有以下几点：

第一，职业发展的目标十分明确。他们都有自己的职业生涯规划：李蓉所谓明确，就是要知道职业提升需要具备什么条件？自己还缺哪些条件？她一样样地理清，一样样地做着补足。从学校毕业后，她坚持业余学习，五年后本科毕了业，提升了学历水平；通过专业培训，学习了会计专业知识，拿到了会计上岗证书。这样一旦有机会，她胜算的机率就很高。李一平要做现代意义上的电影人，他把自己的兴趣发展成了职业，并以此为荣；张建新则把目标瞄向巴菲特、索罗斯，他要在金融界有更大的发展空间。

第二，在专业能力提升上锲而不舍。李一平毕业后留在大学，不断拓展自己的视野，除了精心钻研专业技术，还走出专业，了解与之相关的方方面面，比如新闻采访，文化事业管理，如何做制片人、影视特效、表演、音乐，等等，专业能力和综合协调能力不断提高。李蓉利用业余时间学习了会计专业知识，考出了上岗证书，生育后合理安排亲子时间，留下了自己学习的空间，保证了自己的进步；张建新读初中时对金融大鳄的故事很感兴趣，

但没有仅停留在有兴趣这个层面，而是延伸开去，较为系统地研读了许多与金融界有关的书籍，了解了这个行业在当今世界的状态、运行规则，又进一步学习了不少相关专业知识，并把学校的专业学习与之结合，形成了自己特有的知识体系。

第三，在本职工作上踏踏实实。李蓉在前台接待员的平凡岗位上努力做到了不平凡，做老同志们不擅长的事情，发挥自己的特长，为公司办公室整理文件；公司开发业务需要做 PPT，她又毛遂自荐，利用业余时间精心制作，终于让这个不满 5 分钟的 PPT 在实战中派上了用场。正是这种主人翁式的担当，让人们关注起她。李一平几乎每天都和一群与自己年龄差不多大小的学生在一起，在学院的摄影棚里拍摄，剪辑，做后期，有时忙到深更半夜，累了就睡在片场旁的小办公室里。张建新第一次与银行打交道就被拒绝了，但他并不气馁，继续尝试，并且没有一味莽撞，而是通过改变角色，巧妙地让别人不能简单地拒绝自己，从而走出了职业生涯中至为关键的第一步。每到一个新的岗位，他总会以十分的认真去履职。

所以，实践职业规划，定力非常重要。李蓉、李一平和张建新这些同学在职场上的进步并非偶然，而是来源于他们有明确的目标，有持之以恒的学习动力，更有面对压力义不容辞的勇敢担当。他们是普通人，但他们坚持不懈的努力让平凡的生活变得丰富多彩，充满阳光。■

互动环节

李蓉、李一平和张建新三人毕业后，分别在自己的岗位上得到了明显的提升。他们的成长经历各不相同，但都获得了明显的进步，你认为主要原因是：

A．不跳槽，一直在同一个单位里工作。

B．频繁跳槽，从而找到更为理想的发展空间。

C．有明确的职业规划，并努力地做好每一项工作。

D. 不断学习，不断充实自己的知识和职业技能。■

名人名言

（美国）阿尔伯特·哈伯德

如果你自认为敬业精神不够，那就趁年轻的时候强迫自己敬业——以认真负责的态度做任何事！经过一段时间后，敬业就会变成一种习惯。

陶行知

在劳力上劳心，是一切发明之母。事事在劳力上劳心，便可得事物之真理。

宋庆龄

知识是从刻苦的劳动中得来的，任何成就都是刻苦劳动的结果。

27

创业是一次冒险的旅行

学习提要

- 掌握创业前的准备工作；
- 能够发挥职校生的优势，寻找适合的行业；
- 明白做什么容易赢。

导入案例

案例 1：张敏刚：毕业七年才自己开公司

张敏刚 18 岁从上海市经济管理学校毕业，现在和妻子一起经营着一家电子商务公司。他说，很多人其实并不适宜创业，毕业时首先应该选择一个适合自己的岗位工作，给自己做一个规划，做自己擅长的事情；积累了一定的经验后，如果还想创业就去尝试一下。

工作六年选择广告

刚出校门那会儿，他感觉自己就像一棵无根之草到处飘。在最基层的岗位上工作了四五年，时常转换、跳槽。他做过保险公司的业务员、便捷连锁店的店员，也做过出纳、房产中介、仓储、物流等。现在看来，当时之所以会那样，就因为没有在专业上入行，所以缺少机会。

为了摆脱这种状态，他开始思考自己的定位，寻找自己擅长的专业。最后，他选择了广告。2005 年秋，他去一家广告公司应聘销售岗位，结果被录用了。尽管这家公司的运营模式比较传统，但他还是一直记得这段经历，因为这是他第一次开始有了自己的专业方向。工作其实也很简单，查黄页，打电话，卖货架，与客户电话确认后，他们就把货架送过去给客户签收，收好钱，整个流程就算完成了。

跳槽让自己更专业

由于感觉这项工作缺乏创意，三个月后他跳槽了，前往一家更专业的广告公司应聘，在众多竞争对手中被选中。虽然到这家公司还是做客服，但更专业了，不是打电话，而是做策划，写文稿，搞平面设计，全流程负责，直到把产品送到客户手里为止。由于工作努力，一年不到，他就被评为公司最佳新人。这一年，他积累了很多经验，熟悉了平面设计，了解了活动的组织方法。不过，他感觉自己对商业活动的前景更看好，因此这里没能留下他。一年后，他再次跳槽，到一家专事商务活动的广告公司任职。公司工作节奏极快，一周要做 55 个小时，经常通宵加班。“那阵子，几乎是一到办公室，就永远不知道下班时间

了，不过这些经历，对后来自己开公司很有用。”他说。

终于自己开了家公司

25 岁那年，他和妻子沈洁联手组建了自己的公司。沈洁是他的同班同学，因为当时大家都在选择，又都不太满意各自的工作状况，手头又都积累了一批人脉资源，有客户，于是决定共同创业。公司主要做服务，包括设计与推广，这些业务他们都很熟悉。由于经验积累多，准备充分，起步比较顺利，三年后雇员由开办当初的 3 人增加到了 10 人。公司主要为外企服务，接触较多的是欧美企业。他们努力地工作，尽可能把每一次活动都组织得尽善尽美，让客户满意。张敏刚当时就想这样继续下去，但实际上后来公司发展并不如意，因为情况比想象的要复杂得多。后来他才了解到，这个行业其实也很讲究人际关系的，活儿干得好未必一定有饭吃；除了干好活儿，还要花相当的精力去维系人际关系，偏重于实干的张敏刚对此并不是很适应。

及时转轨做电子商务

2014 年，各行各业都受到互联网的严重冲击，业态发生了变化。公司所从事的平面设计这一块，业务量大大减少，利润也越来越薄。客户大量的预算转入新媒体，广告和互动类营销大都转为线上的，用户不用做那么多印刷品了。经过大半年的市场调查，他们果断决定转型：发挥自己设计上的专长，做电子商务，在线销售礼盒食品。他们先在淘宝上小试了一把，投入不多，效果不明显；于是跨前一步做新中式礼盒食品。夫妇俩运用以往做广告、搞活动的经验，并及时为自己充电，读了许多关于电子商务和品牌营销的书，提升专业能力。经过充分准备，他们的“锦福里”天猫旗舰店开张了，出师告捷，惹人喜爱的礼盒食品立即引来大量关注，销售势头看好；三个月后，他们结束了公司所有广告业务，全力以赴做电商；半年后，就拥有了较高的品牌美誉度，一年卖掉礼盒食品 200 万份！■

案例 2：陈琳琳：我的创业接力棒

“90 后”女孩陈琳琳生于广东，2016 年从上海市经济管理学校毕业后，与父辈一同运营“上海漫嘉芬服饰有限公司”，走上了创业快车道。她现在有这家公司股份，以合伙人身份从事企业管理。她明白，父辈们创业的接力棒已经传到了她的手里……

专业知识很管用

陈琳琳 10 岁跟家人到上海创业，在这个城市读小学，上初中。放学后，她会跟爸爸去公司，了解服装用料、样式分类，学习成本核算之类的常识，帮着做点事情。初中毕业后，她考进上海市经济管理学校的“金融事务”专业，当时只是感觉这个专业的知识有用，就报了名。开学后，她才体会到学习压力之大——专业科目既多又实用，有语文、数学、英语，有银行柜面业务、结算业务、基础会计、会计电算化、金融操作技能、金融专业英语、银行中间业务，还有保险实务、金融营销与服务技巧等，十多门课程，既有理论要求，又要实际技能，要求在两年内学完。陈琳琳学得很认真，也感觉真累。接手实际工作后，她才真正看到了专业知识、技能的价值，“那些辛苦值得，真要谢谢老师！”她说，学校里学到的这些知识技能，使她现在做公司的财务管理很专业，得心应手。

化解难题用智慧

做生意最大的难题是什么？陈琳琳说出四个字：欠债不还。

这是最令人头疼的事情，公司在旺季时曾一次被欠 200 多万货款！爸爸告诉她，做服装就是这样的，要学会合理应对。不少销售商要求先发货，等货品卖了再付钱，这不是“空手套白狼”吗？怎么办？生意要做，但资金又不能被拖欠太多。公司采取了限量发货方式，要100件，发50件，让资金投入保持在合理水平；同时，将恶意拖欠者列入黑名单，不断地催付，有时候，她一个上午就在那里打电话催款；数量大的就上门交涉，直至对方款清了再安排下一次发货。

陈琳琳一直记得上任前爸爸给她的几句话：生意上要稳，不能贪，要有耐心。现在越来越理解这些话的分量。她在公司管财务和销售网络，这些年公司注册了“漫嘉芬”商标，生产的自有品牌服装生意越来越好。但她保持冷静的头脑，“不能贪”。除了做好大宗产品的批发，也接受零星小量的订货，有的小淘宝店卖一件来拿一件，像这种情况，她也要求厂里照发。她用耐心赢得客户，化解难题，使业务发展顺风顺水。

还是很想做电商

做得累不累？陈琳琳微笑着说，“还可以吧，产品长销不断，如果做了一个爆款的货，一个销售季10万套衣服也是有的。”一年中最忙的是淘宝最热火的“双十一”促销季，工厂里天天热火朝天，晚上加班加点，灯火通明。当生产车间报告最后一批货发出时，她才揉揉有点发酸的眼睛，轻轻地松了一口气，更体会到父辈创业的艰辛，办公司的不易。

陈琳琳已经清醒地看到，现在服装行业不怎么好做，竞争激烈，利润不高。从内心来讲，陈琳琳还是憧憬着电子商务，但现在还不是时机，做电商要做很多准备。更重要的是，爸妈都希望她能接过这一棒，把现在的这一块做好。现有业务忙不过来，有时候货赶不出，就要盯紧；而且上海的业务发展也比较快，暂时没有时间准备电商的事情。“不过，有机会还是想到学校学习，在校读书时，与同学、老师都相处得很好，留下了美好回忆，很想念。”陈琳琳说。■

案例3：
王周君：毕业后不要急着去创业

王周君现为旗盈企业管理咨询有限公司的股东、交大昂立学院IT培训部的CEO，主要从事企业管理咨询和职业教育培训。每个月第一天，他都会对自己说，这个月你又借了20万，得想办法还清啊！其实，20万是培训部一个月办学的基础成本；这么想，也是一种自我激励。王周君的职场路径有点特别，“就业—创业—再就业—再创业”，何以如此？他说，市场严峻，这样做就是为了让自己进退自如，立于不败之地。

毕业一年就办公司，早了点

他2004年毕业于上海市经济管理学校，学的是计算机装潢设计。毕业前曾到移动公司电话接线员岗位上实习了一年；正式毕业后换了份工作做猎头。一年后，手头有了一批客户，就自己注册了一家猎头公司，还是做原来的业务。本以为，做猎头有热情就行，其实不然，还需要有丰富的管理经验与人际交往能力，而这正是王周君当时的短板。再这样做下去，公司就要亏本，只好先歇下来，再找工作，过一段时间再说。2006年10月，他被新世界进修学校聘为日语培训部的市场专员。未曾想，他从此就与职业教育结下了不解之缘。3年后，他关闭了自己的第一家公司，集中精力到另一家教育机构做IT培训。

十年后再次去创业，站稳了

毕业十年来，做猎头，服务企业，做学生就业培训和出国留学推介等，王周君积累了许多资源。2014 年，已经到了厚积薄发之时，他再次创业，与另两位朋友合伙，创办了旗盈企业管理咨询有限公司，结果一举成功。他把这称为自己的“正式创业”。这个时候，他已成家立业，积累了丰富的市场经验，有了较高的胜算筹码。他把工作重点聚焦于 IT 执业资格培训和大学生就业指导，同时利用业余时间读完了本科。现在，他经常被大学请去作学生的就业指导。当台下的学生问他“学 IT 就业前景如何”时，他会充满自信地告诉大家：“IT 是个吃香的专业，实际上每个企业都需要 IT 人才，找工作不难。但是，要过得更好，那就必须让自己做到专精。”站在讲坛上，他时常会想起上海市经济管理学校的朱佳韵老师，正是小朱老师对他们的严格要求，才成就了他和同学们良好的职业习惯，每每说起这些，同学们都十分感激。做事要“专精”，也正是王周君对自己十年职场经历的一个总结。

要做好职业培训，不容易

2016 年夏天的一个下午，学校会议室里突然来了十来个学生，他们围着王周君只提一个要求：退费退学。事情缘于任课教师擅自改变了课程安排，将原定 25 周的课程压缩到 10 周！这下就出事儿了！一些老师原以为，在暑期空档，把每周 2 天的课时安排改为每周 5 天，问题不大。在没有事先告知同学的情况下，就擅自作了主。其实不然，职业培训与全日制教育的强度是不同的。同学反映，每周 5 天上课，内容难以消化；与老师沟通无果，就纷纷要求退学。面对情绪激动的同学，王周君不慌不忙，一步不离地陪了他们整整 3 天 2 晚。他耐心地听取了大家的诉求，并就学校教学管理中的不足作了自我批评，又好言相劝，向大家保证，今后绝不会发生这种情况了！同学们被王周君的真诚所感动，最后一致同意接受王周君的建议，继续上课！

现在提起这件事，王周君仍然很感慨：教学是有规律的，我们不能违背。就职业培训本身来说，成本不菲，参加学习的学生都是很优秀的，学得也很努力，他们对教学质量有高要求，这很正常；只要诉求合理，我们都应该虚心听取，尽量满足。■

案例解码

创业成功，需要经验积累

从最初如小草般到处飘移，到如今做电子商务经营自己喜爱的网店，张敏刚笑了；王周君毕业后10年才成功地创办了自己的企业。因此，他们都在提醒学弟学妹们，千万不要在刚刚跨出校门时就急着办公司，因为胜算可能极低。

与张敏刚、王周君不同的是，陈琳琳走的是一条接力赛式的创业之路，承继父辈创业的成果。所以，她一毕业就进入公司关键岗位，拥有了自己的股份。不过，这种创业也不轻松，稍一不慎，就会影响公司的正常经营。可见，创业不易是个不争的事实。

他们三个人创业道路各不相同，有一点却是相同的，那就是他们都在不断地积累与总结。我们可以从他们的职业生涯中看到，创业不仅要做实务，更要不停地思考、求索和总结。这里的关键词是“经验积累”：不但做过了，还要懂得其中的精髓，把有价值的东西传下去，寻求适合自己发展的最优路径，这才是创业走向成功的要义。不断地思考总结，至少有这样几个好处：

一是可以少走弯路。创业途中情况多多，一般不会那么一帆风顺，因为客观环境在变，客户情况在变，行业境况也在变。所以，不仅要扎扎实实地做事情，还要经常反思，发现问题，解决问题，回避可能出现的不利情况。张敏刚在创业过程中不是小富即安，满足于现有的收获和成功，而是不断去发现问题。比如，做平面设计，曾经是十分赚钱的，曾几何时，各种各样的设计专业课、培训速成班比比皆是，以至于因为供过于求，学校毕业生难以找到合适的工作岗位。但在互联网飞速发展的情况下，情况变化，张敏刚看出了危机，及时作了调整，从而避免了路越走越窄的尴尬；王周君看到了商机，及时转型集中精力做职业培训；陈琳琳则虔诚地领受着父辈的教诲，灵活调整营销策略。

二是可以抢得先机。在公司业务天天看涨的情况下，张敏刚却从同行业务量的唱衰中看到了问题。通过一年多的思考与调整，及时减少了公司业务中原有的广告权重，腾出精力试水电子商务——开淘宝店，卖礼盒食品，既发挥了公司既有的设计优势，又为这种优势赋予了更多商业价值，融入了新的创意理念。所以，“锦福里”天猫店开张后，赢得了大批粉丝，一发而不可收，在竞争中轻松胜出，年售两百万份；王周君则及时窥见大学教育与社会需求之间的空白点，潜心做好职业教育。

三是有利于长期发展。创业十年来，有许多成功的值得推广的经验，也肯定有需要记取的教训。对此，张敏刚、王周君和陈琳琳的态度又是高度一致的：要保持清醒的头脑，负责任地做好每件事情。创业中发展势头良好，公司规模和业务量增长，一片叫好声中，他们的做法又是相似的，看到可能出现的危机与困难：电子商务变数多，职业教育要求高，服装经营利润薄，都提前想好了应对之策，不沉溺于一时的成绩沾沾自喜，也不会掉在挫折里一蹶不振。防止大起大落，就能一路平稳前行。如此，保持了长期的稳定发展。■

互动环节

(1) 张敏刚、王周君毕业后多年才选择创业，你认为他们这样做的理由是：

A．他们认为创业太难太苦，没有兴趣。

B．他们想工作更舒服些，赚点钱算了。

C．他们感觉自己知识和经验的积累还不够。

D．他们要找到一条适合自身特点的路径创业。

(2) 陈琳琳毕业后跟父辈创业，有人认为她很轻松，你如何认为?

A. 这种创业并不轻松，守业也会很难。

B. 她会面临新的问题，如果处置不当，会影响企业生存。

C. 不会轻松，光催讨欠款就很烦。

D. 她直接继承父辈创业的成果，比一般的创业者轻松许多。■

名人名言

班固

“一劳永逸”的话是有的，而“一劳永逸”的事却极少……

（德国）歌德

既要懂行，又要有才能。这两点都是难能罕见的，如果不结合在一起，就很难收到好的效果。

（法国）莫泊桑

才能来自独创性。独创性是思维、观察、理解和判断的一种独特方式。

附　录

附录一：求职须知事项

一、 就业信息收集

（一） 主要内容

就业信息的收集，是择业决策的基础，主要有以下几个方面：

1. 用人单位的信息。
2. 岗位需求情况。
3. 相近及相关行业的现状和发展趋势。

（二） 方法途径

获取就业信息，应该把握两个原则：一是便捷，二是权威。主要有这样几个途径：

1. 学校毕业生的就业主管部门。

学校毕业生就业主管部门的就业信息精确、可靠、多样、具体，主要来源于各用人单位、各地方人事部门发来的就业信息；各类供需见面会的就业信息等。

2. 供需见面的各种人才招聘会。

每年人才服务中心或就业指导中心都会举办规模不等的毕业生供需见面会，可能是分行业、分地区举办，通过双选见面会毕业生可以获取更多就业信息。

3. 各类媒体上发布的招聘信息。

如网络、报纸、杂志、广播、电视等。

4. 实习、社会实践、社交等活动。
5. 亲朋好友的口口相传。

二、 简历撰写和投递

（一） 简历撰写

个人简历是评判和考察求职者的第一面镜子，需要对个人的学历、经历、特长、爱好及其他有关情况作出简要介绍，并且要努力做到吸引招聘者的眼球，绝不能马虎。大致要把握好这么几点：

1. 详略要得当。刚毕业的学生，主要写自己的求学经历，完整些应该包括小学，还要把自己获得的荣誉、特长写清楚，这些都是有可能让你应聘时加分的。

2. 行文要准确。简历写完后，应该仔细检查两遍，杜绝明显的错别字和标点符号的差错；还要避免时间上的差错，比如初中几年，高中（职）几年等，都要准确清楚。

3. 重点要突出。招聘者时间有限，通常会在很短时间内看很多简历，所以，简历不能太长，而是要突出重点，表达与众不同的地方，避免落入千篇一律的俗套。

4. 诉求要明确。简历要在显要位置写上自己的名字，加上具体的求职岗位，以增加被招聘者关注阅读的机会。

（二）简历投递

1. 电子邮件。发邮件时要注意，把简历放在邮件的正文，不要和学历证书等影印件一起放在附件里。因为招聘者浏览正文总比下载附件要方便。如果你在正文里没有写清楚明确的应聘诉求，又没有把简历放在正文中，那就极有可能被忽略了。

2. 纸质信函。投递时要注意，把简历与复印件等附件分两个小信封放，以便让招聘者打开信函后方便先看到简历。

3. 做好分类。对自己发送（投递）的简历，要做一个明确的分类。如，用人单位的名称、简历发出的时间和发往的地点等，一方面可以做到自己心中有数，还可以在用人单位通知你时不至于乱了方寸。

三、 选择适合自己的工作岗位

用人单位在招聘时，一般会比较看重应聘者的自我评价，看求职者适合做哪项工作。比如，性格沉稳、做事细致的人大多能胜任行政管理、助理等岗位，勇于创新、喜欢接受挑战的人，比较适合做销售等工作，而态度温和有耐心的人则更适合做客服等方面的工作。所以我们在应聘前，应首先对自己的性格特长有一个评估，选择适合自己的岗位，这样应聘的胜算就大。

四、 参加招聘会注意事项

（一） 面试着装

1. 稳重正式。一般来说，男生着西装比较多，女生选择套装比较适宜；需要注意的是，衣服一定要整洁干净，尺寸合身，穿着得体。

2. 发式洗练。头发要梳理整齐，保持干净，不要乱蓬蓬，也不能做得过分前卫、过分夸张，比如漂染头发什么的，不然在人力资源主考官心里就会减分。

3. 防止头屑。如果穿深色衣服，一定要事先拍拍两肩，以免头皮屑掉在上面而显得邋遢。

（二） 面试问答

1. 调整好心态。要摆正心态，克服紧张情绪，首先让自己放松下来，坚信“天生我才必有用”，从而较为客观准确地认识自我，自信地走进面试场所。

2. 重视开场白。面试有条“潜规则”，那就是开头三分钟定胜负。所以面试时一定要把握好自己的开场白。一般情况下，面试官会客气地对你说：“欢迎你到我们公司来应聘，期待着你考出好成绩。”听到这句话，你可以微笑着点头致意，也可以说声“谢谢”。

3. 控制好时间。面试少不了自我介绍，这时候要尽可能节省时间，通常以半分钟为佳，如无特殊情况，最好不要长于 1 分钟；为提高效率，可在作自我介绍时，向面试官递交一些自己的名片、介绍信等加以辅助。

4．结束说这句。面试结束时，面试官一般会礼貌地请你回去等候通知。如果你在说“谢谢”之前说这句话，很可能会给自己加分：“我可以得到这份工作吗？”很多人就是在面试结束时勇敢地问了这个问题，最终得到了那份工作。

五、上岗经验

步入工作岗位，每个人都想让自己得到更好的发展，至于如何做到，其实还是有规律可循的。

（一）要保持职业的自信，有优秀的专业能力，能够胜任工作岗位，这是立身之本。

曾经有家外企内部竞聘高管，应聘者中不乏博士、硕士，但令大家意想不到的是，最后拔得头筹的却是一位只有大专学历的无名小卒。他的胜出绝非意外，而是因为他平时对公司所有产品都作了细致的分类调查，从市场份额、产品宣传到竞争对手等方面的情况，都了解得清清楚楚。虽之前不在其位，但已经在谋其职了。所以在应聘时，他表现了足够的自信。

（二）要学会与同事和谐相处。无论你在任何部门工作，处好同事关系都非常重要。

相处得好，自然开心；相处不好，就很糟心。注意要把握五个原则。

1．摆正上下级关系。同在一个办公室，你是下级，要接受上级领导，就要尊重他。不能因为上级平易近人，就随意嘻嘻哈哈。当然也有领导喜欢嘻嘻哈哈，不喜欢绷着脸干工作。即使如此，作为下级也要有分寸。

2．摆正同事的距离。有的同事，平时与人为善，对人亲热；有的同事，表面上很好，暗地里喜欢做私活。你不能好人歹人分不清，老少胡子一把捋。对任何同事，都应有原则，不卑不亢，大方得体。

3．适应不同的性格。要因人而异，不可千人一法，万事一方。闲谈莫论人非，静坐常思己过。在和同事相处的过程中，始终以此为准则。相信你会和同事相处得非常融洽。

4．不在背后说坏话。上班时，尽量多做事少说话。这样做既可以让自己多积累工作经验，又可以让繁忙的工作冲去多余的时间，避免无聊时闲谈别人的是非。即使在工作之外，亦不对同事评头论足，但谁是谁非，心中要自然明了。

5. 保持适当的距离。其实很多同事是不适合成为朋友的。和同事之间保持一定的距离，才是最美的。同事之间理应有互相帮助之谊，但同时又存在成为潜在竞争对手的可能，其间利害关系甚大，所以原则上知心朋友不宜是同事，如果有什么重要打算想征求意见的话，应该找非同事类朋友。

（三） 要有宽广的胸怀，要加强自我修养，要有容人的肚量，尤其是要能够容忍别人的缺点。

大致要做到以下三点：

1. 凡事要想得开。在踏入社会之前，会觉得人与人之间相处该是真诚的、快乐的，踏入社会之后就会发觉人与人之间相处也有头痛的时候。在与同事的相处过程中，凡事都要想得开，心情自然就快乐。

2. 多些宽容理解。如果同事之间多一些宽容和理解，多些友爱与礼让，相互关系也就不会那么难处了。古时，一个丞相的管家准备修一个后花园，希望花园外留一条三尺之巷，可邻居是一位员外，员外说那是他的地盘，坚决反对修巷。管家修书京城，丞相回信后管家放弃计划。员外颇感意外，后得知丞相回信云：“千里家书只为墙，让他三尺又何妨。”员外深受感动，主动让地三尺，最后三尺之巷变成了六尺之巷。

3. 要胸怀坦荡。与同事相处，要大气，要有博大的胸怀，有不与人斤斤计较的雅量；做事坦荡豪放，不瞻前顾后，保持阳光乐观。■

附录二：创业须知事项

一、 没有钱的时候该如何创业

创业是年轻人向往的，但并不容易。但年轻人如果没钱，创业的美梦真的只能想想？当然不是。因为创业需要一笔资金，但这笔钱不一定是自己所有的，个人没钱一样可以创业。主要有这样几个方法可以尝试：

一是银行借贷。现在政府提倡创新创业，在“搞活金融市场，实现便捷融资”方面有优惠政策，并不断优化资本市场，创新银行支持方式，丰富创业融资新模式，缓解创业创新者融资难、融资贵的问题，增强金融市场服务创业创新的功能，为创业创新者提供更加低成本、便利化的金融服务。

二是发起众筹。有了好的项目，再加上行之有效的方式方法，就可以发起众筹了。众筹就是指通过互联网方式发布筹款项目并募集资金。相对于传统的融资方式，众筹更为开放，能否获得资金也不再是由项目的商业价值作为唯一标准。只要是网友喜欢的项目，都可以通过众筹方式获得项目启动的第一笔资金，为更多小本经营或创作的人提供了无限的可能。

三是兼职尝试。对于不想冒任何风险而又想尝一尝创业滋味的上班族来说，不妨先尝试一下兼职。目前，上班族做兼职是一种常见现象，常见的兼职形式是开淘宝店，其他兼职方式很多，职位有高有低，需要根据各人的能力、机遇而定。不过，不管任何兼职，都可以锻炼能力、积累经验，同时还可以积累一定的资金，又不占用上班时间，不用放弃目前的工作，正好能够弥补想创业的上班族的短板，可谓一举两得。但是上班族在选择兼职的时候，一定要注意与自己的特长和未来发展的方向相结合。兼职是为了缩短自主创业的距离，缩短从打工者到老板的距离，如果陷入到为兼职而兼职，为眼前的一点蝇头小利斤斤计较，而忘记了对自己能力的锻炼和资源的积累，那就有点得不偿失了。

二、 创业者创业前有哪些注意事项

俗话说，谋定而后动。成功是留给有准备的人的。如果你想成功创业，就必须在创业前做好准备。简言之，主要有这几个方面。

1、心理准备。自谋生路，或当老板，比做一般的雇员要承受更大的压力。对于工薪阶层的职员来说，公司垮了可以另谋职位，而对于经营者来说，稍有不慎，整个事业有可能毁于一旦。在人生旅途上，总是充满各种困难和挫折，有的挫折是由于自己不慎造成的，有的则是不可避免的或意想不到的。有的人在失败和挫折中沉沦下去，而有的人却在失败和挫折中奋发起来，其中缘由就在于各人意志力的差别。在决定创业前，这些都要想好，要有充分的心理准备。

2、资金准备。有些项目不需资金或仅需少量资金。不过，如果你拥有的资金越多，可选择余地也就越大，成功的机会也就越多。因此，要有必要的准备金，可以自筹，也可以用项目方式众筹，为开办公司做好第一单。

3、硬件准备。办公用房、生产用房，这些都要准备好。即使选择在家工作挣钱，也须准备好电脑、手机等通信工具，还有专业所需的维修工具、裁剪及缝纫设备，还有汽车、摩托等交通工具，这些都是必需的基本硬件。当然，如果条件不能全部满足，一些次要的硬件设备，也可以随着公司发展慢慢添置。

4、开业手续。经营需要开办企业，工商、税务的注册，银行账户开办等都是必需的。另外，还要准备好行政机关所需的各种报备材料。如果生产或经营的产品是国家规定需要特许的，还要申报审批同意方可。■